AF331512

RECHERCHES CHIMIQUES

SUR

LA RESPIRATION DES ANIMAUX

DES DIVERSES CLASSES;

Par MM. V. REGNAULT et J. REISET.

Extrait des Annales de Chimie et de Physique, 3e série, tome XXVI.

PARIS,

BACHELIER, IMPRIMEUR-LIBRAIRE,

DU BUREAU DES LONGITUDES, DE L'ÉCOLE POLYTECHNIQUE, ETC.;

Quai des Augustins, 55.

1849

IMPRIMERIE DE BACHELIER,
rue du Jardinet, 12.

RECHERCHES CHIMIQUES

SUR

LA RESPIRATION DES ANIMAUX

DES DIVERSES CLASSES ;

Par MM. V. REGNAULT et J. REISET.

La respiration des animaux a été étudiée par un grand nombre de physiologistes et de chimistes distingués. Les uns se sont occupés uniquement des altérations chimiques que l'air éprouve par le séjour des animaux ; les autres ont cherché plus particulièrement quels étaient les organes et les liquides du corps animal qui opéraient ces altérations et qui remplissaient les principales fonctions de la respiration. Nos connaissances très-restreintes en physiologie ne nous permettaient pas d'aborder cette seconde partie de la question ; nous nous sommes bornés à la première.

Les altérations que le séjour des animaux produit dans l'air atmosphérique sont dues, non-seulement à la respiration pulmonaire, mais encore aux gaz qui s'exhalent de la peau et par le canal intestinal. Dans le travail que nous présentons aujourd'hui, nous n'avons pas d'abord distingué ces différents effets ; nous avons déterminé l'altération totale, en un mot, nous avons étudié le phénomène que les physiologistes modernes ont désigné sous le nom de *perspiration*. Nous avons cherché ensuite, dans des expériences spéciales, à déterminer la part que la perspiration cutanée et celle du canal intestinal peuvent avoir dans le phénomène total.

Notre travail présenterait un intérêt beaucoup plus

grand, si nous avions pu nous occuper, à la fois, de la respiration des animaux et de leur nutrition, c'est-à-dire, si le phénomène de la respiration avait pu être étudié sur des animaux soumis à un régime alimentaire rigoureusement déterminé par l'analyse chimique, et si la quantité ainsi que la nature chimique des excrétions avaient pu être fixées avec la même précision. C'est sous ce point de vue d'ensemble que nous avions entrepris nos recherches en commun avec notre ami M. Millon, qui devait s'occuper plus particulièrement de la nutrition des animaux soumis à nos expériences; malheureusement, des occupations diverses et le départ de M. Millon de Paris se sont opposés à la réalisation de nos projets. M. Millon publiera de son côté les expériences qu'il a entreprises sur la nutrition.

Boyle, Hales, Cigna, Black et Priestley sont les premiers qui se soient aperçus que la respiration exerce une action marquée sur l'air de l'atmosphère, qu'elle en diminue le volume, qu'elle en change la nature, et qu'en un assez court intervalle de temps, le fluide qui sert à cette fonction perd la faculté d'entretenir la vie des animaux.

Lavoisier (*Mémoires de l'Académie des Sciences*, années 1777, 1789 et 1790) annonça en 1785 que, très-probablement, la respiration ne se borne pas à une combustion de carbone, mais qu'elle occasionne encore la combustion d'une partie de l'hydrogène contenu dans le sang; et, conséquemment, que la respiration opère non-seulement une formation de gaz acide carbonique, mais encore une formation d'eau. Ce célèbre chimiste s'occupa, à plusieurs reprises, de l'étude de cet important phénomène, tantôt seul, tantôt en compagnie de Laplace ou de Séguin. Il constata que l'azote ne changeait pas sensiblement pendant la respiration, que la production de l'acide carbonique et l'absorption de l'oxygène n'étaient pas constantes pour le même individu; qu'elles étaient plus grandes pendant la digestion, et qu'elles augmentaient encore dans l'état de mouvement et d'agita-

tion. D'après Lavoisier, la machine animale est gouvernée
par trois régulateurs principaux : la respiration, qui consomme de l'hydrogène et du carbone, et qui fournit du ca-
lorique; la transpiration, qui augmente ou diminue suivant
qu'il est nécessaire d'emporter plus ou moins de chaleur;
enfin la digestion, qui rend au sang ce qu'il perd par la respiration et la transpiration. Les recherches modernes ont
confirmé ces vues profondes de l'illustre savant.

Lavoisier constata également que les animaux pouvaient
vivre pendant plusieurs heures dans de l'oxygène pur, ou
dans un mélange de gaz hydrogène et oxygène, et que la
production de l'acide carbonique dans ces atmosphères artificielles ne paraissait pas être différente de celle qui a lieu
dans l'air normal.

MM. Allen et Pepys publièrent, en 1808 (*Philos. trans..*
1808), un travail important sur la respiration pulmonaire
de l'homme. Leur appareil se composait de deux petits gazomètres à mercure, dans lesquels se rendaient les produits
gazeux de la respiration, et d'un troisième gazomètre à eau,
de dimensions beaucoup plus grandes, et qui fournissait
l'air nécessaire à la respiration. La personne soumise à l'expérience appliquait la bouche sur une tubulure munie d'un
pavillon; le nez était pincé par un ressort : des robinets, placés à sa portée, lui permettaient de puiser, pendant les in-
spirations, de l'air pur dans le gazomètre à eau ; et, pendant
les expirations, de diriger l'air vicié dans l'un ou l'autre
des gazomètres à mercure. Les principales conclusions du
travail de MM. Allen et Pepys sont les suivantes :

La quantité d'acide carbonique exhalée est, volume pour
volume, égale à la quantité d'oxygène consommée. Il n'y a
donc pas de raison de supposer qu'il y a formation d'eau.
Ce n'est que dans des circonstances défavorables pour la
respiration, qu'on a remarqué une absorption sensible
d'oxygène.

Dans une atmosphère d'oxygène pur, l'homme dégage
plus d'acide carbonique que dans une atmosphère d'air.

La respiration ne paraît dégager ni hydrogène, ni aucun autre gaz.

Dans son ouvrage : *De l'influence des agents physiques sur la vie,* Edwards cite un grand nombre d'expériences qu'il a faites sur la respiration des animaux appartenant aux diverses classes. Comme les appareils très-simples qu'il a employés n'avaient qu'une faible capacité, il a été obligé de choisir des animaux de petites dimensions, et de ne prendre, parmi les mammifères, que des individus très-jeunes, tels que cabiais et chiens de 1 ou 2 jours. Edwards déduit de ses expériences les conclusions suivantes :

Le rapport entre l'oxygène que l'on retrouve dans l'acide carbonique respiré et l'oxygène total absorbé, varie depuis $\frac{2}{7}$ jusqu'à l'unité.

Dans certains cas, l'azote de l'air n'a pas subi de changement sensible, et l'on peut admettre qu'il n'y a pas d'exhalation apparente d'azote; les différences pouvant être attribuées aux erreurs de l'analyse. Mais, dans un grand nombre d'autres expériences faites pendant le printemps et l'été, l'excédant d'azote que l'on trouve dans l'air qui a servi à la respiration est tel, qu'on ne saurait nier l'exhalation de ce gaz. Cet excédant surpasse beaucoup le volume des poumons; il forme une partie considérable de celui de l'animal, et il s'est élevé quelquefois au $\frac{1}{5}$ et au $\frac{1}{4}$ du volume total de l'oxygène consommé. Les expériences faites pendant l'hiver sur de petits oiseaux, ont donné un résultat diamétralement contraire : le défaut d'azote était aussi marqué que l'excès dans les expériences faites pendant l'été. Cependant, on n'a jamais observé d'absorption d'azote, soit en été, soit en hiver, sur les mammifères très-jeunes, tels que de petits cabiais.

D'après ces résultats, Edwards pense que lorsqu'un animal respire dans l'air atmosphérique, les fonctions d'absorption et de dégagement d'azote sont simultanées; que, d'une part, il absorbe de l'azote; que, de l'autre, il en exhale. Du rapport entre les quantités d'azote absorbées et exhalées, peuvent provenir trois résultats différents, suivant la constitution des individus et les circonstances où ils sont placés. Lorsque l'exhalation prédomine sur l'absorption, on n'a pour résultat de l'expérience que de l'exhalation ; lorsque l'absorption prédomine, la différence est de l'absorption ; lorsqu'enfin ces deux fonctions ont lieu dans la même proportion, on ne voit les effets ni de l'un ni de l'autre, et l'azote expiré est égal à l'azote inspiré.

Edwards se fait du phénomène de la respiration l'idée suivante : L'oxygène qui disparaît dans la respiration au milieu de l'air atmosphérique est absorbé en entier ; il est ensuite porté, en tout ou en partie, dans le torrent de la circulation. Il est remplacé par une quantité plus ou moins semblable d'acide carbonique exhalé qui provient, en tout ou en partie, de celui qui est contenu dans la masse du sang. En outre, l'animal, respirant de l'air atmosphérique, absorbe de l'azote ; cet azote est porté, en tout ou en partie, dans la masse du sang. L'azote absorbé est remplacé par une quantité plus ou moins équivalente d'azote exhalé, qui provient, en tout ou en partie, du sang.

Suivant cette vue, la respiration n'est plus un procédé purement chimique, une simple combustion dans les poumons, où l'oxygène de l'air inspiré s'unirait au carbone du sang pour former de l'acide carbonique qui serait expulsé aussitôt ; mais une fonction composée de plusieurs actes : d'une part, l'absorption et l'exhalation, attributs de tous les êtres vivants ; d'autre part, l'intervention des deux parties constituantes de l'air atmosphérique, l'oxygène et l'azote.

Lavoisier et Laplace avaient cherché à démontrer, par des expériences directes, que la quantité de chaleur dégagée par un cochon d'Inde pendant un temps donné, était due entièrement, ou presque entièrement à la combustion du carbone et de l'hydrogène qui a lieu dans la respiration. Ces expériences ne paraissant pas assez concluantes, l'Académie des Sciences provoqua un nouvel examen de la question, en la proposant pour sujet de prix. MM. Dulong et Despretz s'en occupèrent simultanément, et obtinrent des résultats à peu près semblables. Nous ne rapporterons ici que ceux qui ont trait à l'altération que l'air atmosphérique subit par la perspiration des animaux.

D'après M. Despretz (*Annales de Chimie et de Physique*, 2ᵉ série, t. XXVII), outre l'oxygène employé à la formation de l'acide carbonique, une autre portion de ce gaz, quelquefois très-considérable relativement à la première, disparaît aussi; elle est, en général, plus grande pour les jeunes animaux que pour les animaux adultes. Le rapport entre cette quantité d'oxygène disparu et la quantité totale d'oxygène consommé, a varié, dans ses expériences, de 0,22 à 0,38. Il y a exhalation d'azote dans la respiration des mammifères carnivores ou frugivores et dans celle des oiseaux; la quantité en est plus grande chez les frugivores que chez les carnivores. Dans les expériences de M. Despretz, le rapport entre le volume de l'azote exhalé et le volume total de l'oxygène consommé, a varié de 0,10 à 0,33.

D'après Dulong (*Annales de Chimie et de Physique*, 3ᵉ série, tome I), le volume total de l'oxygène consommé est également plus grand que celui de l'acide carbonique; il y a donc une portion de cet oxygène absorbée autrement que pour la formation de l'acide carbonique. L'excès du volume de l'oxygène absorbé sur celui de l'acide carbonique, fait, terme moyen, le $\frac{1}{10}$ de ce dernier, et ne s'élève jamais au $\frac{1}{5}$ pour les lapins, les cabiais et les pigeons. Au contraire, pour les chiens, les chats et la crécerelle, ce même rapport n'est jamais au-dessous de $\frac{1}{4}$. Il est presque toujours à peu près $\frac{1}{3}$, et quelquefois $\frac{1}{2}$. Les différentes époques de la digestion ne paraissent pas influer, d'une manière constante, sur ces variations; mais l'absorption est toujours plus forte dans le jeune âge que dans la vieillesse.

En comparant le volume de l'air expiré et celui de l'air inspiré, Dulong reconnut, dans certains cas, une diminution précisément égale à celle que l'analyse indiquait dans l'oxygène; dans d'autres, et c'était le plus grand nombre, la diminution était moins grande que celle qui aurait eu lieu si l'azote restait constant ; enfin, dans un petit nombre, le volume expiré était plus grand que le volume inspiré. Ce dernier cas ne fut observé que chez les animaux frugivores. L'augmentation dans le volume de l'azote étant très-souvent supérieure aux erreurs que ce genre d'observation comporte, Dulong en conclut que, dans l'acte de la respiration, il se dégage un volume d'azote toujours inférieur à l'oxygène absorbé par les carnivores, et quelquefois, mais rarement, supérieur dans les frugivores. Dans les expériences rapportées par Dulong, le dégagement d'azote, comparé au volume de l'oxygène total consommé, a varié depuis 0,00 jusqu'à 0,28; dans une seule expérience, on a reconnu une absorption d'azote qui équivalait à 0,06 du volume de l'oxygène consommé.

La différence essentielle, sous le point de vue qui nous occupe, entre les résultats obtenus par Dulong et ceux de M. Despretz, consiste en ce que, dans les premiers, le dégagement d'azote a été, en général, trouvé plus faible. Mais il est facile de reconnaitre, par un raisonnement bien simple, que cette énorme exhalation d'azote qui aurait lieu dans la perspiration des animaux, est absolument impossible. En effet, la quantité d'azote exhalée pendant vingt-quatre heures par la respiration d'un animal, serait non-seulement très-supérieure à celle qui existe dans les aliments que prend l'animal pendant le même temps, mais encore, ainsi que l'a fait observer M. Liebig (*Journal de Pharmacie*, t. VIII, page 24), elle serait telle, qu'en négligeant même la quantité considérable d'azote qui est évacuée dans les excrétions, l'animal dégagerait, en quelques jours, plus d'azote qu'il n'en renferme dans tout son individu. Mais, si la quantité d'azote exhalée est inexacte dans ces expériences, il est très-probable que le rapport entre l'oxygène qui se trouve dans l'acide carbonique et l'oxygène total fourni par l'air, n'est pas exact non plus; car les proportions des gaz

R.   2

qui constituent l'air vicié par la respiration, ont été déterminées dans une même analyse.

MM. Valentin et Brunner et M. Erlach (*Physiologie
de Valentin,* 2ᵉ édition, tome I) ont publié récemment
de nombreuses expériences, tant sur la respiration pulmonaire de l'homme que sur la perspiration des animaux.
Ces expériences peuvent fournir des éléments précieux à
l'étude physiologique de la respiration, mais elles ne donnent aucune solution certaine pour les diverses questions
que nous nous sommes proposé de traiter; la raison en est
que, dans la méthode suivie par ces auteurs, on ne connaît
exactement ni le volume initial de l'air pur, ni le volume
final de l'air vicié.

Quoi qu'il en soit, MM. Valentin et Brunner ont fondé
sur leurs expériences une nouvelle théorie de la respiration,
qu'ils ramènent, en dernière analyse, à un phénomène de
diffusion des gaz. Nous allons essayer d'en donner une
idée; celle-ci sera probablement incomplète, car nous devons convenir que nous ne l'avons pas bien comprise.

Lorsque deux gaz, sans affinité chimique l'un pour l'autre,
sont séparés par une membrane poreuse, et soumis à des
pressions égales, il y a diffusion des deux gaz l'un dans
l'autre, jusqu'à ce que les volumes échangés soient entre eux
en raison inverse des racines carrées de leurs densités. Cette
loi a été principalement établie par des expériences très-
précises de M. Graham.

La densité de l'air atmosphérique à o degré, et sous la
pression de oᵐ,760 ,

étant	1,00000	dont la racine carrée est	1,0000
Celle de l'oxygène est.	1,10563	»	1,0515
Celle de l'ac. carbon..	1,52910	»	1,2366
Celle de l'azote......	0,97137	»	0,9856

Si donc de l'oxygène et de l'azote, sous pressions égales,
s'échangent ainsi par voie de diffusion à travers une paroi

poreuse, pour 1 volume d'oxygène qui entre, il doit sortir $\frac{0,9856}{1,0515} = 0,9373$ d'azote. Si les gaz séparés par la membrane sont de l'oxygène et de l'acide carbonique, il devra passer $\frac{1,0515}{1,2366} = 0,8503$ d'acide carbonique pour 1 volume d'oxygène.

MM. Brunner et Valentin admettent que, dans la respiration des animaux, il se passe un phénomène semblable de diffusion. Le sang qui revient aux poumons, après avoir traversé l'appareil circulatoire, renfermant une grande proportion d'acide carbonique en dissolution, il s'établirait, à travers la membrane du poumon, entre ce gaz et l'oxygène de l'air atmosphérique remplissant la cavité pulmonaire, une diffusion assujettie à la loi que nous venons de rappeler. Le sang perdrait à travers la membrane une portion de son acide carbonique, et absorberait une quantité correspondante d'oxygène : pour 1 volume d'oxygène absorbé, il y aurait 0,85 d'acide carbonique exhalé. Quant à l'azote atmosphérique, il n'interviendrait pas dans le phénomène à cause de son insolubilité dans le sang.

Nous ne comprenons pas comment le phénomène de la respiration, ainsi envisagé, peut être assimilé à celui de la diffusion de deux gaz, à pressions égales, séparés par une membrane. Nous admettrons volontiers que les forces, en vertu desquelles s'effectue le mélange des deux gaz dans cette dernière circonstance, interviennent dans le phénomène de la respiration; mais les conditions nous semblent totalement différentes. Les gaz ne sont pas, tous deux, à l'état élastique; l'un d'eux, l'acide carbonique, est en dissolution dans un liquide, dont l'action doit modifier considérablement le phénomène de diffusion. Le second gaz, qui se trouve de l'autre côté de la paroi perméable, n'est pas de l'oxygène pur; c'est un mélange d'oxygène et d'azote, dans lequel l'oxygène seul n'exerce que le $\frac{1}{5}$ de la force élastique totale. Or, la loi de Graham, lors même qu'elle serait applicable au phénomène qui nous occupe, exigerait au moins que l'oxygène fût pur, et qu'il exerçât, à lui seul, une pression égale à celle que l'acide carbonique produit sur l'autre face de la paroi.

Quoi qu'il en soit, comme MM. Brunner et Valentin déclarent eux-mêmes que l'explication qu'ils proposent du phénomène de la respiration n'a pas été déduite de spéculations théoriques, mais qu'ils la regardent comme l'expression exacte des faits, il est facile de la soumettre à une épreuve rigoureuse. Cette théorie suppose, en effet, qu'il existe un rapport constant entre l'acide carbonique dégagé et l'oxygène consommé, et que ce rapport est égal à 0,85.

Pour compléter l'analyse des travaux qui ont été publiés sur les changements chimiques que l'air atmosphérique éprouve par la respiration des animaux, il nous reste à parler des recherches exécutées récemment par M. Marchand, bien que le Mémoire de ce chimiste (*Journal für praktische Chemie*, tome XLIV, page 1) ait paru longtemps après que nos propres expériences fussent complétement terminées. M. Marchand s'est proposé de décider si, dans l'acte de la respiration, il y avait de l'azote dégagé ou de l'azote absorbé. Il reconnut que, dans toutes ses expériences, il y avait de l'azote exhalé, mais que la proportion en était toujours très-minime. Ainsi, dans dix expériences sur des cochons d'Inde, en désignant par 100 le volume de l'acide carbonique dégagé, les volumes de l'azote exhalé ont été

$$
\begin{array}{r}
0,65 \\
0,89 \\
1,11 \\
0,69 \\
0,88 \\
1,38 \\
0,88 \\
1,03 \\
0,91 \\
0,98 \\
\hline
\text{Moyenne. } 0,94
\end{array}
$$

(13)

Trois expériences faites sur un pigeon ont donné, pour l'azote exhalé,

$$1,05$$
$$0,78$$
$$0,74$$
Moyenne. $0,85$

Nous n'avons pas parlé, dans ce qui précède, des recherches indirectes qui ont été tentées pour résoudre quelques-uns des problèmes de la respiration, notamment le dégagement ou l'absorption de l'azote.

M. Boussingault soumit, pendant plusieurs jours, une vache et un cheval à une alimentation réglée dont il connaissait rigoureusement la quantité et la composition chimique; il recueillit, pesa et analysa, avec le plus grand soin, toutes les déjections solides et liquides. Il reconnut ainsi qu'une portion notable de l'azote des aliments ne se retrouvait plus dans les déjections, et qu'elle avait dû être évacuée par la perspiration, puisque les animaux étaient soumis seulement à la ration d'entretien, et n'avaient pas augmenté sensiblement de poids. Une expérience faite sur une tourterelle lui donna un résultat semblable. L'azote exhalé ne formait, dans tous les cas, qu'une très-petite fraction du volume de l'acide carbonique dégagé.

Enfin, dans ces derniers temps, M. Baral (*Annales de Chimie et de Physique*, 3ᵉ série, tome XXV, page 129) a appliqué la même méthode d'expérimentation à l'homme ; il a également reconnu un dégagement d'azote qui s'élevait environ à $\frac{1}{100}$ du volume de l'acide carbonique produit.

On voit, par l'historique que nous venons de développer, que les expérimentateurs sont loin de s'accorder sur les principaux points du phénomène de la respiration, et que souvent même leurs conclusions sont contradictoires. Nous ne nous arrêterons pas à discuter les procédés qu'ils ont suivis, bien qu'il soit souvent facile d'y indiquer des causes d'erreur qui expliquent la différence des résultats obtenus;

nous nous bornerons à présenter une remarque générale qui s'applique à la plupart de ces procédés.

Dans les expériences qui ont été faites jusqu'ici sur la perspiration, on plaçait les animaux dans un espace limité rempli d'air atmosphérique, et l'on déterminait l'altération que subissait cet air par leur séjour plus ou moins prolongé. D'autres fois, l'animal était placé dans un espace plus rétréci et en communication avec deux gazomètres. L'un des gazomètres renfermait de l'air normal, que l'on faisait passer lentement à travers l'espace dans lequel se trouvait l'animal, et l'on recueillait l'air vicié dans le second gazomètre.

Dans ces deux manières d'opérer, il est essentiel que l'air ne subisse pas une altération notable; car, autrement, la respiration de l'animal aurait lieu dans une atmosphère trop différente de notre atmosphère terrestre; mais si l'air destiné à entretenir la respiration de l'animal ne subit que de petites variations, il est évident que celles-ci deviennent très-difficiles à déterminer exactement, et qu'elles sont trop fortement altérées par les erreurs de l'analyse.

Nos expériences ont été faites par une méthode totalement différente. Nous nous sommes imposé la condition de faire séjourner les animaux pendant très-longtemps, souvent plusieurs jours, dans un volume d'air limité, mais dans des conditions telles, que cet air fût constamment ramené à la composition de l'air normal par le jeu même des appareils. Ainsi, d'un côté, la respiration consommait une quantité considérable d'oxygène et dégageait une grande quantité d'acide carbonique; de l'autre, l'absorption ou le dégagement d'azote se manifestaient par des variations notables de composition que subissait un volume limité d'air, pendant un séjour prolongé de l'animal.

Nous allons décrire succinctement nos appareils.

Notre appareil se compose de trois parties essentielles :

1°. De l'espace dans lequel est renfermé l'animal;

2°. D'un condenseur de l'acide carbonique formé dans la respiration ;

3°. D'un appareil qui remplace constamment l'oxygène absorbé.

1°. L'espace qui contient l'animal est formé par une cloche de verre tubulée A, *Pl. III, fig.* 1, de 45 litres environ de capacité, et dont l'ouverture inférieure est mastiquée sur un disque en fonte DD', muni de deux rainures. Ce disque, dont la *fig.* 2 représente une section transversale, présente une ouverture centrale *ab* assez grande pour que l'on puisse introduire l'animal, et qui se ferme hermétiquement au moyen d'un couvercle boulonné *ef*, avec interposition de mastic au minium. L'animal pose sur un petit plancher à claire-voie, formé par une plaque de tôle *mn* percée d'un grand nombre de trous, et couverte de petites tringles de bois, afin que l'animal ne soit pas en contact immédiat avec le métal qui pourrait le refroidir d'une manière fâcheuse. Ce plancher ayant un diamètre un peu plus petit que l'ouverture, peut y entrer facilement après que l'animal a été lui-même introduit : on le maintient ensuite à l'aide de trois loquets *s*, *s'*, *s"*.

Le couvercle, la plaque de tôle du plancher et la partie intérieure du disque de fonte sont peints au minium pour éviter une absorption de l'oxygène par suite de l'oxydation du métal.

La cloche A est enveloppée d'un manchon en verre BB'DD', de 0^m,50 de diamètre, qui est mastiqué dans la seconde rainure du disque de fonte. Ce manchon est rempli d'eau, que l'on peut maintenir à une température constante. Tout l'appareil est supporté par un bâti en charpente.

La tubulure supérieure de la cloche porte une monture métallique, traversée par plusieurs petites tubulures.

Par la première tubulure *fe*, la cloche communique avec un manomètre à mercure *abc* qui donne, à chaque instant, la tension du gaz intérieur.

Par les deux tubulures *i*, *i'*, la cloche communique avec l'appareil condenseur de l'acide carbonique.

Enfin, la quatrième tubulure *r* sert à l'introduction du gaz oxygène nécessaire à la respiration.

2°. L'appareil condenseur de l'acide carbonique consiste en deux vases C, C', à deux tubulures, de 3 litres de capacité, et qui communiquent entre eux par leurs tubulures inférieures au moyen d'un long tube de caoutchouc $qq''q'$, recouvert extérieurement de toile, et de 20 millimètres environ de diamètre intérieur. Les tubulures supérieures portent des montures métalliques *m*, *m'*, qui communiquent avec les deux tubulures *ik*. *i'k'* de la cloche, par l'intermédiaire de longs tubes en caoutchouc *lm*, *l'm'*. Ces tubes, de même que le gros tube $qq''q'$, sont fabriqués avec cette préparation particulière de caoutchouc que l'on appelle dans le commerce *caoutchouc vulcanisé*, et qui est remarquable par sa grande flexibilité.

On met dans les vases C, C', 3 litres environ d'une dissolution de potasse caustique dont on connaît rigoureusement la composition et le poids.

Les deux pipettes C, C' sont placées sur des supports mobiles, formés par les cadres en fer *post*, *p'o's't'* qui sont mis en mouvement par le balancier $\alpha\delta O\alpha'\delta'$, et guidés dans leur marche par les tringles verticales *uv*, *zw*, *u'v'*, *z'w'*. Le balancier reçoit un mouvement d'oscillation par la bielle articulée $\gamma\delta\lambda$, d'une petite machine mue par un poids de 200 kilogrammes, et qui marche dix-huit heures sans avoir besoin d'être remontée. Le mouvement de la machine est réglé par un volant à ailettes qui permet d'obtenir la vitesse convenable à l'absorption la plus efficace de l'acide carbonique.

Les pipettes C, C' reçoivent ainsi, dans le sens vertical, un mouvement d'oscillation dont il est facile de comprendre l'effet. Supposons la pipette C' au point le plus bas de sa course, et, par suite, la pipette C au point le plus élevé. La pipette C' sera alors entièrement remplie par la dissolution de potasse, tandis que la pipette C sera remplie d'air, lequel communique librement avec celui de la cloche par l'intermédiaire du tube *iklm*. Donnons maintenant le mouvement inverse : amenons la pipette C au point le plus bas de sa course, et la pipette C′ au point le plus élevé. La potasse passera de C′ en C, et renverra dans la cloche l'air qui remplissait C, et qui a été débarrassé d'acide carbonique par son contact avec la potasse. Une autre portion de l'air de la cloche se rendra dans la pipette C′, et y déposera son acide carbonique. Afin que l'absorption de l'acide carbonique par la potasse se fasse d'une manière plus efficace, on a rempli les deux pipettes de tubes de verre ouverts aux deux bouts; les parois de ces tubes restent mouillées de potasse lorsque les pipettes se vident de la dissolution alcaline, et présentent, par conséquent, une large surface absorbante.

La pipette C′ prend l'air au sommet de la cloche; l'autre C, le prend, au contraire, dans la région inférieure, par le tube *jj′* : de sorte que le jeu de l'appareil détermine non-seulement l'absorption de l'acide carbonique à mesure qu'il se forme par la respiration, mais il produit encore une agitation continuelle de cet air, et tend à lui donner une composition uniforme dans les diverses parties de l'espace A.

3°. L'appareil destiné à fournir constamment l'oxygène nécessaire à la respiration, consiste en trois grands vases de verre N, N′, N″, ayant la forme de ballons compris entre deux tubulures. Les tubulures supérieures portent des montures métalliques à deux petites tubulures munies des robinets *r″* et *r‴*, dont l'une peut communiquer avec la grande cloche où se trouve l'animal, et dont l'autre sert à l'introduction du gaz oxygène. Les tubulures inférieures des ballons sont mastiquées dans des pièces en cuivre à deux branches. L'une de ces branches est verticale ; elle porte un robinet R′, et sert à faire écouler le liquide du ballon lorsqu'on veut remplir celui-ci d'oxygène. La seconde

branche R′ζ est horizontale ; elle se termine par une tubulure verticale dans laquelle est mastiqué un long tube de
verre ξσζ. C'est par ce tube que l'on introduit le liquide destiné à chasser le gaz du ballon.

Les ballons N , N′, N″, que nous appellerons à l'avenir
pipettes à oxygène, ne communiquent pas directement avec
la cloche : un petit flacon laveur M, rempli à moitié d'une
dissolution de potasse, est interposé. On peut juger, par le
passage des bulles de gaz à travers ce flacon , de la manière
dont marche la respiration de l'animal; souvent même on
peut s'en servir pour compter ses pulsations.

Les pipettes à oxygène sont préalablement remplies d'une
dissolution concentrée de chlorure de calcium qui n'exerce,
ainsi que nous nous en sommes assurés, qu'un pouvoir dis-
solvant très-faible, soit sur l'oxygène pur, soit sur l'air atmosphérique. Pour introduire l'oxygène, on met l'appareil
qui dégage ce gaz en communication avec la tubulure r''' de
la pipette; à mesure que le gaz pénètre dans le ballon , on
fait couler la dissolution de chlorure de calcium par le robinet R′. On remplit la pipette sous une pression un peu plus
forte que celle de l'atmosphère extérieure ; on laisse ensuite
le gaz se mettre en équilibre de température avec l'air ambiant; on affleure le liquide à un trait de repère ω′ marqué
sur la tubulure inférieure de la pipette, après avoir fait
sortir une petite portion du gaz pour le mettre en équilibre de force élastique avec l'atmosphère. On note la température du thermomètre T′ dont le réservoir se trouve
en contact avec la paroi de la pipette, et la hauteur H du
baromètre.

Chaque pipette porte un second repère ω tracé sur la
tubulure supérieure ; sa capacité comprise entre les repères ω, ω′ a été déterminée rigoureusement par plusieurs
jaugeages.

L'oxygène était préparé en chauffant dans une cornue de
verre un mélange de parties égales de chlorate de potasse et

de bioxyde de manganèse; le gaz traversait deux flacons laveurs renfermant une dissolution concentrée de potasse, puis deux longs tubes en U remplis de pierre ponce imbibée de la même dissolution. Avant de recueillir le gaz dans les pipettes, on en laissait dégager environ 10 litres pour chasser l'air atmosphérique de l'appareil. On a reconnu d'ailleurs, par plusieurs expériences faites avec le plus grand soin, que l'oxygène, ainsi préparé, ne renfermait pas de traces de gaz étranger.

A côté de la grande cloche se trouve disposé un appareil manométrique $a'b'c'd'$ que l'on peut mettre en communication avec elle au moyen du tube latéral $r'hg$ embranché sur la tubulure i : des robinets r', r''' permettent d'établir et d'intercepter la communication. A l'aide de ce manomètre on peut, à un moment quelconque de l'expérience, puiser dans la cloche un volume déterminé d'air pour le soumettre à l'analyse.

Après cette description sommaire de notre appareil, il est facile de comprendre notre manière d'opérer.

Les trois pipettes sont préalablement remplies d'oxygène, sous la pression atmosphérique H et à la température θ. Si V représente la capacité en centimètres cubes de l'une de ces pipettes entre les repères ω, ω', le poids de l'oxygène qu'elle fournira à la cloche pendant l'expérience sera :

$$V . 0^{gr},0014298 \cdot \frac{1}{1 + 0,00367 . \theta} \cdot \frac{H - f}{760},$$

f étant la tension de la vapeur d'eau abandonnée au gaz par la dissolution de chlorure de calcium. Nous avons reconnu, par une série d'expériences directes, qu'entre les limites de température où nous avons opéré, la tension f était égale à 0,47 de la force élastique de la vapeur donnée par l'eau pure à la même température.

On verse également dans les pipettes C, C' la potasse caustique, et l'on en détermine rigoureusement le poids, en pesant les pipettes elles-mêmes, après les avoir démastiquées et séparées·de l'appareil. Comme on connaît exactement, par des analyses préliminaires, la composition de cette potasse, il est facile de calculer la quantité d'acide carbonique que la dissolution alcaline renferme au commencement de l'expérience.

Le tube de plomb $r''\mu$ est mastiqué en μ sur le tube $\mu\mu'$ du petit flacon laveur M ; ce flacon a été préalablement rempli d'oxygène pur, mais son tube vv' ne communique pas encore avec la tubulure r de la cloche.

On introduit alors dans la cloche dont les parois ont été préalablement mouillées, l'animal et, s'il y a lieu, l'eau et les aliments qui doivent servir à sa nourriture. On met en place le couvercle inférieur, mais sans le fermer hermétiquement ; puis, à l'aide d'une forte machine pneumatique qui communique avec la tubulure r, on détermine dans la cloche un fort courant d'air pour empêcher l'air intérieur d'être vicié par la respiration avant le commencement de l'expérience. Pendant ce temps, on donne à l'eau qui remplit le manchon une température supérieure de quelques degrés à la température ambiante, afin qu'il soit plus facile de la rendre à peu près stationnaire pendant l'expérience, la chaleur dégagée par l'animal compensant la déperdition extérieure. On peut d'ailleurs rendre cette température absolument stationnaire, si on le juge convenable.

Toutes ces dispositions prises, on serre les écrous du couvercle inférieur pour fermer hermétiquement la cloche ; on laisse encore ouvert, pendant quelques minutes, le robinet r, après que la machine pneumatique en a été détachée, puis on le ferme après avoir noté la hauteur du baromètre et la température de l'eau du manchon qui a été continuellement agitée pendant ces préparatifs ; enfin on met en mouvement l'appareil à potasse, on mastique le tube $r''\mu$ de l'une des pipettes sur le tube $\mu\mu'$ du flacon laveur, et l'on ouvre de nouveau le robinet r de la cloche.

Supposons, pour plus de simplicité, que la respiration de l'animal consiste uniquement dans une absorption d'oxygène et en un dégagement d'acide carbonique. Il est clair qu'à mesure que l'oxygène de la cloche sera absorbé par l'animal, et que l'acide carbonique formé dans la perspiration se dissoudra dans la potasse des pipettes C, C', la force élastique du gaz intérieur diminuera; et, si la cloche communique librement avec la pipette N remplie d'oxygène, le gaz absorbé sera immédiatement remplacé par une quantité équivalente de gaz oxygène, pourvu que l'on verse constamment dans cette pipette, par le tube $\xi\zeta$, la quantité de dissolution de chlorure de calcium qui maintient la force élastique du gaz intérieur égale à celle de l'atmosphère.

Cette addition successive de chlorure de calcium se fait immédiatement, et sans que l'on ait besoin de s'en occuper, à l'aide de la disposition suivante : On mastique, sur le tube $\xi\zeta$ de la pipette à oxygène, un tube de plomb $\gamma\xi$ qui communique avec le réservoir supérieur PQP'Q', rempli d'une dissolution concentrée de chlorure de calcium, le niveau xx' de cette dissolution étant maintenu à très-peu près constant au moyen des ballons O, O', O'' remplis de la même dissolution, et dont on comprend facilement le jeu à l'inspection de la figure.

A mesure que le gaz se raréfie dans la pipette à oxygène, la colonne liquide s'abaisse dans le tube $\xi\zeta$; l'air contenu dans ce tube diminue de force élastique, par suite, la dissolution de chlorure de calcium descend du réservoir PQP'Q' dans la pipette N. Cependant la force élastique du gaz de la cloche ne reste pas absolument constante pendant tout le temps que la pipette fournit de l'oxygène; elle diminue à mesure que la pipette se remplit, si la dissolution de chlorure de calcium était de niveau dans la pipette et dans le tube latéral au moment où on a mastiqué le tube de plomb $\gamma\xi$ dans la tubulure ξ. La constance absolue de la directe, la quantité d'acide carbonique contenue dans cette potasse ; et, retranchant l'acide carbonique contenu dans la potasse primitive, on avait le poids de l'acide carbonique absorbé. Ce poids, ajouté à celui de la petite quantité de ce gaz qui restait encore dans la cloche au moment où l'on a arrêté l'expérience, et qui était donné par l'analyse du gaz recueilli dans l'appareil manométrique $a'b'c'd'$, donnait le poids total de l'acide carbonique produit par la perspiration.

Si, dans l'acte de la perspiration, il ne s'absorbe que de l'oxygène, et s'il ne se dégage que de l'acide carbonique, il est clair que l'air de la cloche doit présenter encore, à la fin de l'expérience, la composition de l'air normal. Si, au contraire, il y a dégagement d'azote, nous devons trouver dans cet air une quantité d'oxygène moins considérable. Il est donc facile de décider la question, en faisant l'analyse du gaz recueilli à la fin de l'expérience ; on peut, de même, reconnaître s'il s'est dégagé d'autres gaz que l'acide carbonique et l'azote.

L'animal séjournait dans la cloche jusqu'à ce qu'il eût consommé de 65 à 150 litres d'oxygène. Les chiens consommaient cette quantité en douze ou vingt heures ; les lapins, poules, canards et autres animaux restaient deux, trois et quatre jours. Lorsque l'animal ne devait pas rester plus de quinze heures, on ne lui mettait pas de nourriture dans la cloche ; on lui faisait faire un repas copieux peu de temps avant de le soumettre à l'expérience. Mais, s'il devait rester plus longtemps, on mettait dans la cloche sa ration de nourriture ordinaire. On s'est d'ailleurs assuré, par des expériences directes, que l'air n'était pas altéré par le séjour des aliments, ni même par les excréments rendus par les animaux.

Les animaux sur lesquels nous avons expérimenté, n'ont paru éprouver aucun malaise, même après un séjour de trois et quatre jours ; ils ont consommé leur ration de nourriture comme ils l'auraient fait dans leurs conditions normales. Ce seul fait démontre qu'il ne peut pas y avoir dans la perspiration un dégagement d'azote aussi considérable que quelques physiciens l'ont annoncé ; car, dans ce cas, l'atmosphère de la cloche ne renfermerait que de l'azote au bout d'un temps très-court, et les animaux seraient bientôt asphyxiés.

Les urines de l'animal se rendaient dans l'espace compris entre le petit plancher *mn*, *fig.* 2 , et le couvercle *ef*.

L'animal était pesé, de nouveau, au sortir de la cloche ; on pesait de même ce qui restait de nourriture et d'eau, afin de connaître la quantité qui en avait été consommée.

Voyons maintenant comment, avec ces éléments, on peut calculer les effets produits dans la perspiration.

Le volume d'air primitif est égal à celui qui est contenu dans la cloche, dans les pipettes à potasse et dans les tubes de communication, diminué du volume déplacé par l'animal et par les aliments qu'on a introduits dans la cloche. L'appréciation de ce dernier volume présente nécessairement quelque incertitude. Nous avons admis que le volume déplacé par l'animal était égal au volume de l'eau qui pèse le même poids. Cette hypothèse ne doit pas s'éloigner beaucoup de la vérité : elle nous paraît s'en rapprocher davantage que celle qui consisterait à prendre le volume de l'eau déplacée par l'animal après la mort, et qui est toujours notablement plus faible parce que les cavités aériennes se sont alors affaissées. Il nous paraît d'ailleurs nécessaire de regarder, comme appartenant au volume de l'animal, l'air qui se trouve dans son intérieur et qui doit avoir sensiblement le même volume et la même composition au commencement et à la fin de l'expérience ; car, dans nos expériences, ainsi que nous le verrons bientôt, la perspiration a lieu dans une atmosphère qui change très-peu de composition.

Nous avons fait la même hypothèse pour les aliments.

lorsque leur densité ne pouvait pas être déterminée avec précision.

Il est d'ailleurs facile de se convaincre que la petite erreur que l'on peut commettre sur l'évaluation du volume de l'animal et des aliments n'exerce son influence que sur la quantité d'oxygène consommé et sur celle de l'acide carbonique produit ; et cette influence n'est pas sensible sur le poids considérable de ces gaz qu'on obtient dans une expérience longtemps prolongée. La seule erreur qui porte sur l'azote tient à ce que nous supposons que le volume de l'animal et celui des aliments sont encore les mêmes à la fin qu'au commencement de l'expérience. Or, cette erreur ne peut être que très-minime, car la plus grande partie des aliments consommés se retrouve sensiblement avec le même volume, dans les excrétions et dans les organes de l'animal, et ce n'est que la partie disparue dans l'acide carbonique exhalé qui en diminue le volume. Dans tous les cas, cette dernière partie occupe un volume moindre que l'eau qui aurait le même poids que l'acide carbonique, et il est facile de reconnaître qu'avec le grand volume d'air sur lequel nous opérons, l'erreur sur l'évaluation de l'azote peut être regardée comme très-petite.

Soient donc V le volume, en litres, de l'air qui se trouve dans la cloche au commencement de l'expérience, H sa force élastique, t sa température, f la tension de la vapeur d'eau à saturation pour cette température ; le poids de l'oxygène qu'il renferme est

$$p_0 = 0,2095 \cdot 1^{gr},4298 \cdot V \cdot \frac{1}{1 + 0,00367 \cdot t} \cdot \frac{H - f}{760} ;$$

le poids de l'azote

$$p'_0 = 0,7905 \cdot 1^{gr},2562 \cdot V \cdot \frac{1}{1 + 0,00367 \cdot t} \cdot \frac{H - f}{760} .$$

A la fin de l'expérience, V, H, t et f restent les mêmes ; supposons que l'analyse du gaz recueilli dans le tube $a'\,b'$ ait montré que ce gaz renferme, en volume :

(323)

$$\frac{1}{c} \text{ d'acide carbonique ;}$$

$$\frac{1}{b} \text{ d'oxygène ;}$$

$$\frac{1}{a} \text{ d'azote.}$$

Nous négligeons, pour le moment, la petite quantité de gaz étrangers qui peut s'y trouver ; nous aurons, pour le poids de l'acide carbonique contenu dans la cloche,

$$p'' = \frac{1}{c} \cdot 1^{gr},9774 \cdot V \cdot \frac{1}{1 + 0,00367 \cdot t} \cdot \frac{H - f}{760},$$

pour le poids de l'oxygène

$$p_1 = \frac{1}{b} \cdot 1^{gr},4298 \cdot V \cdot \frac{1}{1 + 0,00367 \cdot t} \cdot \frac{H - f}{760},$$

pour le poids de l'azote

$$p'_1 = \frac{1}{a} \cdot 1^{gr},2562 \cdot V \cdot \frac{1}{1 + 0,00367 \cdot t} \cdot \frac{H - f}{760}.$$

$(p_1 - p_0)$ représente donc le poids d'oxygène que la cloche renferme, à la fin de l'expérience, en plus ou en moins qu'au commencement ; si on l'ajoute au poids P de l'oxygène fourni par les pipettes N, N', N'', on aura le poids total d'oxygène consommé par la perspiration.

En ajoutant le poids p'' au poids Q de l'acide carbonique condensé dans les pipettes à potasse, on aura la quantité totale d'acide carbonique produit.

Enfin $(p_1 - p'_0)$ représentera le poids d'azote exhalé ou absorbé.

Pour étudier la respiration des petits animaux tels que les batraciens et les insectes, nous avons employé un petit appareil fondé sur les mêmes principes que le grand, et représenté *Pl. IV, fig.* 2.

L'espace dans lequel l'animal est placé se compose d'un tube de verre A A', plus ou moins large, suivant la grosseur de l'animal et l'activité de sa perspiration. Aux deux extrémités de ce tube sont mastiquées deux montures en laiton A, A' munies de tubulures kn et $k'n'$. Sur des embranchements latéraux de ces tubulures sont soudés des tubes de plomb npq, $n'p'q'$, qui communiquent avec l'appareil xyz destiné à absorber l'acide carbonique. Sur les branches verticales des tubulures kn, $k'n'$ sont soudés d'autres tubes de plomb, dont l'un, lm, communique avec l'appareil manométrique B qui fournit l'oxygène nécessaire à la respiration, et dont l'autre, $l'm'$, communique avec un second manomètre C, à l'aide duquel on mesure la force élastique du gaz intérieur. Ce dernier manomètre sert aussi, à la fin de l'expérience, à recueillir la quantité d'air vicié nécessaire pour l'analyse. Les manomètres B et C peuvent être adaptés facilement à l'appareil ou en être séparés, au moyen des ajutages à robinets m, m'.

L'appareil xyz, destiné à l'absorption de l'acide carbonique, se compose de deux boules y, z communiquant par un tube inférieur; elles se terminent, à leur partie supérieure, par des tubes recourbés yx, zx que l'on attache aux tubes de plomb pq, $p'q'$ à l'aide de tubulures en caoutchouc très-flexibles. On a introduit dans cet appareil de la potasse caustique en quantité telle, qu'elle remplit entièrement l'une des boules. La proportion d'acide carbonique contenue dans cette potasse a été déterminée rigoureusement par des analyses préliminaires. La flexibilité des tubulures de caoutchouc permet de faire basculer l'appareil autour des petites branches xq, $x'q'$ qui sont en ligne droite, et forment l'axe d'oscillation. Lorsque la boule y est au point le plus bas de sa course, elle est remplie entièrement de potasse, tandis que la boule z ne contient que de l'air qui s'y débarrasse de son acide carbonique. Si l'on amène, au contraire, la boule y au point le plus haut de son excursion, la potasse qu'elle renfermait dans sa première position descendra dans la boule z, dont elle chassera l'air purifié dans l'espace AA', et la boule *y* se remplira d'air vicié. Pour donner commodément ce mouvement d'oscillation à l'appareil, on attache au tube inférieur qui relie les deux boules deux petits cordons fixés immédiatement au-dessous des boules; l'un de ces cordons passe sur une poulie *t*, et soutient un contre-poids R qui, à lui seul, amène la boule *z* au point le plus élevé de sa course. L'autre cordon, après avoir passé sur les poulies *s*, *s'*, vient s'attacher à l'extrémité d'une petite bielle montée sur un des axes de rotation de la petite machine qui fait marcher les pipettes à potasse de notre grand appareil, *Pl. III*. L'appareil *xyz* est maintenu plongé dans un bain V, dont on peut rendre la température invariable.

L'appareil manométrique B se compose d'une pipette *fg* de 150 centimètres cubes environ de capacité, et d'un tube droit ouvert *ih*. On a déterminé exactement la capacité de la pipette jusqu'au repère α. On remplit cette pipette d'oxygène par la tubulure *fm*, et l'on amène le niveau du mercure en α, en versant du mercure dans le tube *ih*; on mesure exactement la force élastique du gaz, et l'on note sa température. On calcule, d'après ces éléments, le poids de l'oxygène. On a déterminé exactement le poids de l'eau qui remplit le tube AA' et tous ses appendices; on connaît donc sa capacité, de laquelle il faut retrancher le volume de l'animal pour avoir le volume primitif de l'air atmosphérique au milieu duquel se fait l'expérience.

L'une des montures A étant démastiquée, on introduit l'animal dans le tube AA'; on adapte de nouveau la monture A, dans laquelle le tube de verre AA' entre jusqu'à refus, afin que la capacité de l'appareil soit toujours la même. On assujettit le tube AA' dans une caisse V remplie d'eau que l'on maintient stationnaire pendant toute l'expérience, et, avant d'adapter les autres parties de l'appareil, on y fait passer un courant rapide d'air atmosphérique au moyen d'une machine pneumatique que l'on met en communication avec un des tubes de plomb pq, $p'q'$, tandis que l'autre reste ouvert. Le tube AA' étant rempli d'air pur, on adapte le manomètre C dont le mercure, de niveau dans les deux branches, affleure au repère 6 ; on attache, au moyen des tubulures en caoutchouc, l'appareil xyz aux tubes pq, $p'q'$, et l'on met cet appareil en mouvement.

A mesure que l'acide carbonique produit par la perspiration s'absorbe dans la dissolution de potasse, la force élastique de l'air diminue dans l'appareil. On lui donne sa valeur primitive en y faisant entrer une petite quantité d'oxygène de la pipette B. Dans les expériences faites avec ce petit appareil, l'oxygène n'arrivait pas naturellement et d'une manière continue, par le jeu de l'appareil ; l'opérateur le fournissait à mesure que la force élastique diminuait, et il arrivait ainsi facilement à maintenir la pression constante à quelques millimètres près.

Lorsque la première pipette d'oxygène était consommée, on en fournissait souvent une deuxième et quelquefois une troisième, et l'on terminait toujours l'expérience lorsque la dernière pipette avait fourni tout son gaz. Une heure avant la fin de l'expérience, on ramenait rigoureusement la température de l'eau des deux vases V et U au degré où elle se trouvait au commencement ; on faisait passer dans le tube AA' la petite portion d'oxygène qui restait encore dans la pipette, afin d'obtenir un excès de pression qui donnât le temps de préparer les dernières observations. On faisait couler plusieurs fois le mercure du manomètre C, afin de remplir le tube ab d'air que l'on renvoyait de nouveau dans l'espace AA', en reversant dans le tube cd le mercure écoulé. Enfin, lorsque la force élastique de l'air intérieur était devenue sensiblement égale à celle qui avait lieu au commencement, on faisait la prise d'air définitive en ayant soin de choisir le moment où la boule z de l'appareil absorbant était dans sa période ascendante : on arrêtait le mouvement de l'appareil xyz en décrochant le cordon $ss'u$ qui l'attachait à la machine ; enfin, on sortait l'animal.

La potasse de l'appareil xyz était soumise à une analyse qui donnait la quantité d'acide carbonique qu'elle avait absorbée ; on faisait de même l'analyse du gaz recueilli dans le manomètre C, et l'on avait ainsi tous les éléments nécessaires pour calculer les effets de la perspiration.

Nous avons aussi étudié, dans le même appareil, la perspiration de quelques petits oiseaux ; nous remplacions alors la pipette B par une autre, de 1 litre de capacité, et dont nous déplacions le gaz par une dissolution concentrée de chlorure de calcium.

Dosage de l'acide carbonique absorbé par la dissolution de potasse.

Pour faire ce dosage, on se servait de l'appareil représenté *Pl. IV, fig.* 1. La potasse renfermée dans les pipettes **C, C', Pl. III,** était pesée exactement à la fin de l'expérience ; on en remplissait, jusqu'au repère α, une pipette B, *Pl. IV, fig.* 1, portant un robinet r. On déterminait rigoureusement le poids de cette potasse, et l'on engageait le tube inférieur de la pipette dans le bouchon du ballon A renfermant de l'acide sulfurique étendu, en quantité suffisante pour saturer la potasse. Le ballon A communiquait avec un large tube D renfermant une petite quantité d'acide sulfurique concentré ; puis, successivement :

1°. Avec un tube E rempli de ponce sulfurique ;

2°. Avec un appareil à boules F renfermant une dissolution concentrée de potasse ;

3°. Avec un tube G contenant de la pierre ponce imbibée d'une dissolution concentrée de potasse ;

4°. Avec un tube H rempli de pierre ponce imbibée d'acide sulfurique concentré ;

5°. Avec un second tube I à ponce sulfurique ;

6°. Avec un flacon aspirateur V, muni d'un robinet s par

lequel le flacon peut communiquer avec l'air extérieur. Le tube I reste constamment attaché au flacon; il a pour but d'empêcher l'air humide de ce flacon de déposer de l'eau dans le tube H.

Enfin, on adapte à la pipette B, au moyen d'un caoutchouc u, un tube C rempli de pierre ponce imbibée de potasse destinée à absorber l'acide carbonique de l'air que l'on fait passer à travers l'appareil à la fin de l'opération.

L'appareil étant disposé, on ouvre le robinet s du flacon aspirateur, et l'on tourne avec précaution le robinet r de la pipette pour faire tomber lentement la dissolution de potasse dans la liqueur acide du ballon A. Pour opérer rapidement le mélange de ces liqueurs, on chauffe le ballon A avec une lampe à alcool; ce mélange se fait d'ailleurs facilement, parce qu'on a eu soin de mettre dans le ballon une dissolution acide d'une densité un peu plus faible que celle de la liqueur alcaline. On règle le dégagement de l'acide carbonique, soit en ouvrant plus ou moins le robinet r de la pipette, soit à l'aide du flacon aspirateur dont on fait couler l'eau plus ou moins rapidement, après avoir fermé le robinet r et ouvert convenablement le robinet x.

Lorsque la pipette B est entièrement vidée, on détache le caoutchouc et l'on fait descendre dans cette pipette de l'eau pure pour laver ses parois. On adapte ensuite de nouveau le tube, et l'on porte l'eau du ballon à l'ébullition pour dégager le reste de l'acide carbonique. Enfin, à l'aide du flacon aspirateur, on détermine un courant d'air à travers l'appareil pour amener les dernières traces d'acide carbonique dans les tubes destinés à le condenser. L'augmentation de poids subie par les tubes C, D et E donne l'acide carbonique. On pèse ces trois tubes ensemble, en ayant soin de prendre pour contre-poids trois tubes semblables, disposés de la même manière, et déplaçant sensiblement le même volume d'air.

En faisant une expérience, dans des conditions identiques,

sur un poids déterminé de carbonate de soude pur, on s'est
assuré de l'exactitude parfaite de ce procédé d'analyse.

La potasse primitive que l'on mettait dans les pipettes C, C'
était analysée de la même manière.

Un appareil de plus petites dimensions servait à l'analyse
de la potasse dans les expériences faites sur les petits animaux; mais on introduisait alors la dissolution entière de
potasse contenue dans l'appareil xyz de la *fig.* 2.

ANALYSE DES GAZ.

Nos recherches sur la perspiration des animaux exigeaient
un grand nombre d'analyses de gaz; il était nécessaire non-
seulement que ces analyses fussent très-précises, mais encore qu'elles se fissent rapidement; sans quoi notre travail
aurait exigé plus de temps que nous ne pouvions y consa-
crer. En étudiant les divers procédés qui ont été proposés
jusqu'à ce jour, nous n'avons pas tardé à reconnaître leur
insuffisance et la nécessité d'en rechercher de nouveaux.
Nous avons été conduits à construire un appareil eudiométrique, qui nous permet d'apporter dans ces analyses une
précision à laquelle on n'était pas encore parvenu, bien
que les opérations soient des plus simples et s'exécutent en
très-peu de temps.

Pour faire comprendre les principes sur lesquels notre
méthode d'analyse est fondée, il nous paraît nécessaire de
rappeler brièvement la manière dont les chimistes opéraient
avant nous. Nous supposerons qu'il s'agit d'analyser un
mélange d'air atmosphérique et d'acide carbonique.

On mesure un certain volume de ce mélange sur le mercure dans une cloche divisée. Afin d'être plus sûr du degré
d'humidité du gaz, on a soin de laisser légèrement humides
les parois de la cloche pour que le gaz soit saturé d'humidité.

Une première difficulté se présente : Quelle est la température du gaz, et quelle est sa force élastique? On suppose,
le plus souvent, que cette température est celle de l'air am-

biant ou celle du mercure de la cuve. Quand on opère plus exactement, on place un thermomètre tout près de la cloche; mais alors il faut attendre longtemps pour être sûr que le thermomètre indique une température égale à celle du gaz, et encore n'en a-t-on jamais la certitude complète. Quant à la pression, on l'évalue par la hauteur du mercure soulevé, que l'on apprécie ordinairement d'une manière assez grossière, mais que l'on peut mesurer exactement à l'aide d'un cathétomètre et d'une vis à deux pointes, dont on affleure la pointe inférieure au mercure de la cuve (*Annales de Chimie et de Physique*, 3ᵉ série, tome IV, page 16).

Pour absorber l'acide carbonique, on introduit dans la cloche une petite quantité d'une dissolution concentrée de potasse caustique, et l'on agite : l'acide carbonique est absorbé, et l'on en détermine la proportion en mesurant de nouveau le volume gazeux. Ici, il se présente des difficultés bien plus grandes que dans la mesure primitive du gaz. On rencontre d'abord la même incertitude dans l'évaluation de la température du gaz; mais, en outre, il est difficile de décider quel est son état de saturation, en présence de la dissolution de potasse. La mesure du volume du gaz présente beaucoup d'incertitude, parce que le ménisque du liquide soulevé a changé complétement de forme, et que les parois de la cloche sont mouillées par une liqueur visqueuse qui peut en changer sensiblement le diamètre. La pression s'évalue elle-même dans des conditions très-différentes de celles qui existaient lors de la première mesure, parce que les actions capillaires se sont considérablement modifiées.

Plusieurs chimistes ont cherché à éluder ces difficultés en opérant de la manière suivante : Pour absorber l'acide carbonique, ils se servent d'une petite boule de potasse caustique fixée à l'extrémité d'un fil de platine, qu'ils introduisent dans la cloche à travers le mercure. La boule de potasse doit rester très-longtemps dans la cloche; car elle doit absorber non seulement l'acide carbonique du gaz, mais encore se combiner avec toute l'eau qui existe en vapeur dans le gaz ou sur les parois de la cloche, de manière à dessécher complétement ce gaz ; car, autrement, il serait impossible d'apprécier son état de saturation. Cette absorption demande beaucoup de temps ; souvent, après vingt-quatre heures, elle n'est pas encore complète. Pour s'en assurer, on retire la boule par le fil de platine qui sort de la cloche ; on mesure le volume du gaz, puis on y introduit de nouveau la potasse qu'on laisse séjourner pendant douze heures au moins, afin de reconnaître s'il ne se fait pas une nouvelle absorption.

L'acide carbonique étant absorbé, il faut déterminer la proportion d'oxygène qui se trouve dans le gaz restant. On y arrive par deux moyens : par la combustion du gaz avec de l'hydrogène, ou en faisant absorber l'oxygène par un corps qui se combine avec lui, soit à la température ordinaire, soit à une température plus élevée.

L'eudiomètre à gaz hydrogène consistait primitivement en deux tubes séparés : l'un de ces tubes était divisé ; il servait à mesurer les gaz avant et après l'inflammation ; le second tube, à parois épaisses, était muni d'une garniture métallique qui permettait d'y faire passer une étincelle électrique. L'air à analyser et le gaz hydrogène destiné à opérer la combustion de l'oxygène étaient mesurés dans le premier tube, puis introduits à travers le liquide dans le tube à combustion. Après la combustion opérée par l'étincelle électrique, on transvasait de nouveau le gaz, dans le tube gradué, à travers le liquide de la cuve, et l'on mesurait le volume du gaz restant. Ces transvasements peuvent occasionner des pertes de gaz ; on a beaucoup perfectionné ce procédé en faisant les mesures et la combustion des gaz dans un même tube divisé ; mais il reste toujours, sur l'évaluation exacte de la température, les incertitudes que nous avons signalées plus haut, et l'opération demande beaucoup de temps.

Les substances qui ont été employées jusqu'ici pour absorber l'oxygène, sont :

Le phosphore ;
Les sulfures alcalins ;
Une dissolution de sulfate de protoxyde de fer saturée de deutoxyde d'azote ;
De l'hydrate de protoxyde de fer en suspension dans une liqueur alcaline ;
Le protochlorure de cuivre dissous dans l'ammoniaque ;
Le sulfite de protoxyde de cuivre ammoniacal.

Lorsqu'on emploie le phosphore, on opère de la même manière que pour absorber l'acide carbonique avec la boule de potasse. On rencontre les mêmes incertitudes, et l'absorption de l'oxygène ne se fait que très-lentement. Si la température ambiante est inférieure à 10 degrés, l'absorption n'est souvent pas complète après plusieurs jours ; elle marche plus rapidement si l'on place le tube au soleil, ou si la température est élevée.

Quand on employait les dissolvants liquides, ou l'hydrate de protoxyde de fer en suspension dans une dissolution alcaline, on introduisait une certaine quantité de la liqueur absorbante dans le tube gradué ; on agitait, et l'on attendait le moment où le volume du gaz n'éprouvait plus de variations. Il est clair que, dans cette manière d'opérer, on rencontrait les mêmes erreurs que pour l'absorption de l'acide carbonique par la dissolution de potasse. Les incertitudes sont beaucoup plus grandes encore quand on emploie des liqueurs qui peuvent abandonner des gaz, telles que la dissolution de sulfate de protoxyde de fer saturée de deutoxyde d'azote, ou le protochlorure de cuivre dissous dans l'ammoniaque.

Le point de départ de nos recherches étant ainsi nettement posé, nous allons décrire l'appareil auquel nous nous sommes arrêtés, et les moyens que nous employons pour éviter les causes d'incertitude qui se présentent dans les anciens procédés.

Notre appareil eudiométrique, *Pl. IV, fig.* 3, 4, 5 et 6, se compose de deux parties, que l'on peut réunir et séparer à volonté. La première, le *mesureur*, sert à mesurer le gaz dans des conditions déterminées de température et d'humidité ; dans la seconde, on soumet le gaz aux divers réactifs absorbants : nous lui donnons, à cause de cela, le nom de *tube laboratoire.*

Le mesureur se compose d'un tube, *ab*, *fig.* 3 et 4, de 15 à 20 millimètres de diamètre intérieur, divisé en millimètres, et terminé en haut par un tube capillaire recourbé *ahr*. L'extrémité inférieure de ce tube est mastiquée dans une pièce en fonte NN', à deux tubulures *b*, *c*, et munie d'un robinet R. Dans la seconde tubulure *c*, est mastiqué un tube droit *cd*, ouvert aux deux bouts, de même diamètre que le tube *ab*, et divisé également en millimètres. Le robinet R est à trois voies, comme le montre la *fig.* 7, qui en présente une section transversale : on peut ainsi établir, à volonté. les communications entre les deux tubes *ab*, *cd*, ou faire communiquer seulement avec l'extérieur l'un ou l'autre de ces tubes.

L'ensemble des deux tubes et de la pièce en fonte forme un appareil manométrique renfermé dans un manchon de verre cylindrique MM'NN' rempli d'eau, que l'on maintient à une température constante pendant toute la durée d'une analyse. La température est donnée par un thermomètre T. L'appareil manométrique est fixé sur un support en fonte ZZ' muni de vis calantes. Les tubes *ab*, *cd*, doivent être parfaitement verticaux : on les met d'abord à peu près dans cette position au moment où on les mastique dans les tubulures, et l'on achève de rendre la verticalité rigoureuse, à l'aide des vis calantes.

Le tube laboratoire se compose d'une cloche de verre *gf*. ouverte par le bas et terminée en haut par un tube capil-

laire recourbé *fer*. Cette cloche plonge dans une petite
cuve à mercure V, en fonte de fer, dont les *fig.* 5 et 6
donnent une idée exacte. La cuve V est fixée sur une ta-
blette *mm'*, que l'on peut faire monter à volonté le long
du support vertical ZZ' au moyen de la crémaillère *ii'*,
qui engrène avec le pignon denté *o*, mis en mouvement
à l'aide de la manivelle I. Le rochet *q* permet d'arrêter la
crémaillère, et, par suite, la cuve V dans l'une quelconque
de ses positions. Le contre-poids *p*, fixé au rochet, facilite
la manœuvre; suivant qu'on le tourne d'un côté ou de
l'autre, le rochet engrène ou n'engrène pas avec le pignon.

Les extrémités des tubes capillaires qui terminent le
laboratoire et le mesureur sont mastiquées dans deux petits robinets en acier *r*, *r'*, dont les extrémités rodées
s'ajustent exactement l'une sur l'autre. Les *fig.* 8 et 9
donnent une idée exacte de la disposition de ces pièces d'a-
cier. Il est important que ce mastiquage soit fait avec le
plus grand soin, afin qu'il ne reste pas le moindre vide
entre les tubes de verre et les tubulures d'acier; car il s'ar-
rêterait dans ces vides des volumes variables de gaz, et l'a-
nalyse perdrait de sa précision. Pour ajuster exactement
les deux robinets l'un sur l'autre, on enduit l'une des sur-
faces *ab*, *fig.* 8, de caoutchouc fondu, et on serre les deux
pièces l'une contre l'autre au moyen de la petite pièce en
laiton, *fig.* 9, qui porte une gorge conique à l'aide de laquelle on serre fortement, l'un contre l'autre, les deux cônes
extérieurs des pièces d'acier à robinet. Le serrage est très-
énergique sur tout le contour des cônes, parce que les cônes
en creux de la presse, *fig.* 9, ont un angle à la base un
peu plus aigu que les cônes en relief des pièces d'acier,
fig. 8.

Le tube laboratoire est maintenu dans une position verticale invariable, au moyen d'une pince *x*, garnie inté-
rieurement de bouchons, et que l'on ouvre ou ferme très-
facilement avec l'écrou mobile *s*; cet écrou marche sur

une vis qui peut tourner horizontalement autour de x. La pince est d'ailleurs fixée, une fois pour toutes, dans une position convenable, sur le support ZZ′, où elle est maintenue par la vis de pression w. Il est ainsi extrèmement facile de mettre le laboratoire en place, et de le détacher sans s'exposer à casser le tube capillaire fer'.

Le mesureur ab est traversé, vers a, par deux fils de platine opposés, dont les extrémités s'approchent à une distance de quelques millimètres à l'intérieur de la cloche, et dont les autres extrémités sont fixées avec un peu de cire sur le bord supérieur du manchon. C'est à l'aide de ces fils que l'on détermine le passage de l'étincelle électrique dans la cloche; l'eau du manchon MM′NN′ n'y fait pas obstacle, si l'on provoque l'étincelle avec une bouteille de Leyde.

Cela posé, supposons qu'il s'agisse d'analyser avec cet appareil un mélange d'air atmosphérique et d'acide carbonique :

On remplit entièrement le mesureur ab de mercure que l'on verse par le tube cd; lorsque le mercure s'écoule par le robinet r, on ferme ce dernier. On remplit également de mercure le laboratoire gf. A cet effet, le tube gf étant détaché de la pince x, on enfonce ce tube entièrement dans la cuve à mercure V, le robinet r' étant ouvert; et. pour remplir complétement le tube capillaire fer' de mercure, on aspire avec la bouche dans un tube de verre muni d'une tubulure de caoutchouc, dont on applique le bord sur la partie plane de la tubulure r'. Lorsque le mercure commence à sortir, on ferme le robinet r'.

On fait passer alors dans le laboratoire le gaz que l'on veut analyser, et que l'on a recueilli à cet effet dans une petite cloche. Le transvasement se fait sur la cuve V elle-même; il est très-facile, à cause de la forme que l'on a donnée à cette cuve. On met le laboratoire en place en l'assujettissant avec la pince x : on adapte les deux tubulures r, r' l'une sur l'autre; puis, faisant monter d'un côté la cuve V, faisant couler de l'autre le mercure de l'appareil mesureur par le robinet R, enfin ouvrant les robinets r, r', on fait passer le gaz du laboratoire dans le mesureur. Lorsque le mercure commence à s'élever dans le tube capillaire fe, on ralentit l'écoulement du mercure par le robinet R, de façon à faire monter le mercure très-lentement dans le tube fer', et l'on ferme le robinet r' au moment où l'extrémité de la colonne mercurielle affleure à un repère σ tracé sur la branche horizontale er', à une petite distance de la tubulure r'. On amène alors le niveau du mercure à une division déterminée α du tube ab, et on lit immédiatement, sur l'échelle du tube cd, la différence de hauteur des deux colonnes mercurielles. L'eau du manchon a été préalablement agitée à plusieurs reprises, dans toute sa hauteur, en soufflant de l'air au travers à l'aide d'un tube qui plonge jusqu'en bas.

Soient t la température de cette eau, que l'on rendra stationnaire pendant toute la durée de l'analyse, f la force élastique de la vapeur aqueuse à saturation pour cette température, V le volume du gaz, H la hauteur du baromètre, enfin h la hauteur du mercure soulevé; $H + h - f$ sera la force élastique du gaz supposé sec. Il est important de donner à l'eau du manchon une température très-peu différente de celle de l'air ambiant, qui, d'ailleurs, ne varie pas sensiblement pendant la très-courte durée de l'expérience; il n'est pas alors nécessaire de ramener à o, par le calcul, la hauteur du baromètre et celle du mercure soulevé dans l'appareil manométrique $abcd$. Le gaz recueilli dans le mesureur est d'ailleurs toujours saturé d'humidité, parce que les parois du tube ab sont toujours mouillées d'une petite quantité d'eau; et celle-ci constamment la même, puisque c'est celle que le mercure n'enlève pas en montant, lorsqu'on remplit le tube.

Quand cette mesure est exécutée, on fait couler de nou-

veau le mercure du robinet R, et l'on ouvre le robinet r'
pour faire passer tout le gaz, ainsi qu'une colonne de mercure, dans le tube ra; puis on ferme le robinet r'. On détache
alors le laboratoire, et on y fait monter, à l'aide d'une pipette recourbée, une goutte d'une dissolution concentrée de
potasse ; on ajuste de nouveau le laboratoire au mesureur; on
fait descendre la cuve V au plus bas de sa course ; puis, après
avoir versé une grande quantité de mercure dans le tube cd,
on ouvre progressivement les robinets r, r'. Le gaz passe
alors du mesureur dans le laboratoire, et la petite quantité
de dissolution de potasse mouille complétement les parois
de la cloche. On ferme le robinet r' lorsque le mercure commence à descendre du tube mesureur dans la branche verticale ef du laboratoire. On attend quelques minutes, pour
laisser agir l'action absorbante de la potasse ; puis on fait
passer le gaz du laboratoire dans le mesureur, en faisant
monter la cuve V, et couler le mercure du robinet R. Aussitôt que la dissolution alcaline commence à s'élever dans le
tube fe, on ferme le robinet r', et on détermine le mouvement inverse, c'est-à-dire on fait repasser le gaz du mesureur dans le laboratoire, en faisant descendre la cuve V, et
reversant du mercure dans le tube cd. Cette opération a pour
but de mouiller de nouveau les parois de la cloche fg de
dissolution de potasse, et de soumettre le gaz à l'action
absorbante de la nouvelle couche alcaline.

On peut répéter ces opérations plusieurs fois, si on le
juge convenable ; mais nous avons reconnu qu'après la seconde opération l'acide carbonique était totalement absorbé.
On fait alors passer, pour la dernière fois, le gaz du laboratoire dans le mesureur, et l'on ferme le robinet r' au
moment où le sommet de la colonne alcaline arrive au
repère σ. On ramène le niveau du mercure en α dans le
tube ab; on mesure la différence de hauteur h' du mercure
dans les deux branches ab et cd, et on note la hauteur H'
du baromètre. Nous supposerons que la température de

R.   4

l'eau du manchon n'a pas changé ; s'il en était autrement, on la ramènerait à la même température t par l'addition d'une petite quantité d'eau chaude ou froide. On rend d'ailleurs cette température uniforme dans toute la hauteur, en soufflant de l'air à travers l'eau du manchon.

La force élastique du gaz, dépouillé d'acide carbonique et sec, est donc $(H' + h' - f)$; par suite $(H + h - f) - (H' + h' - f) = H - H' + h - h'$ est la diminution de force élastique occasionnée par l'absorption de l'acide carbonique ; et $\dfrac{H - H' + h - h'}{H + h - f}$ représente la proportion d'acide carbonique contenue dans le gaz supposé sec.

Il faut maintenant déterminer la proportion d'oxygène qui existe dans le gaz restant. A cet effet, on détache le laboratoire, on le lave à plusieurs reprises avec de l'eau. On le dessèche d'abord avec du papier joseph, puis en le mettant quelques instants en communication avec une machine pneumatique ; enfin, après l'avoir rempli complétement de mercure, on l'adapte au mesureur. La cuve V étant amenée au point le plus haut de sa course, on fait couler le mercure du robinet R ; puis, ouvrant avec précaution les robinets r et r', on fait passer le mercure du laboratoire dans le tube ar du mesureur ; on ferme le robinet r lorsque l'extrémité de la colonne mercurielle arrive à un second repère t tracé sur la branche verticale ah. On ramène de nouveau le mercure du mesureur au niveau α, et l'on détermine la différence de niveau h'' et la hauteur H'' du baromètre. $H'' + h'' - f$ est donc la force élastique du gaz sec ; la quantité de ce gaz est un peu plus petite que dans la mesure faite immédiatement après l'absorption de l'acide carbonique, parce qu'une petite quantité (environ $\frac{1}{3000}$) a été perdue lorsqu'on a détaché le laboratoire du mesureur. Cette petite perte n'a d'ailleurs aucune influence sur le résultat de l'analyse, puisque nous mesurons de nouveau le gaz.

Le laboratoire étant, de nouveau, détaché du mesureur,

on y introduit le gaz hydrogène destiné à brûler l'oxygène ; on fait passer ce gaz dans le mesureur, en arrêtant le mercure ascendant au repère τ. On affleure de nouveau le mercure en α, on mesure la différence de hauteur h''' des deux colonnes de mercure, et l'on note la hauteur H''' du baromètre. $H''' + h''' - f$ est donc la force élastique du mélange de gaz hydrogène et de gaz à analyser. Comme il faut un certain temps pour que les gaz se mélangent d'une manière parfaite, on ne peut pas opérer immédiatement la combustion par l'étincelle électrique ; on obtiendrait le plus souvent une analyse inexacte, ainsi que nous nous en sommes assurés. Il faut faire passer de nouveau le gaz du mesureur dans le laboratoire, y laisser couler même, par le tube hef, un peu de mercure qui détermine une agitation dans le gaz ; enfin, faire repasser le mélange dans le mesureur, en laissant, cette fois, le mercure remplir complétement le tube étroit rha, afin que tout le volume du gaz soit soumis à la combustion.

On fait passer l'étincelle électrique ; puis, ayant établi un excès de pression dans le mesureur ab, on ouvre avec précaution les robinets r, r' pour laisser rétrograder la colonne mercurielle dans le tube ahr : on l'arrête lorsqu'elle arrive au repère τ. On mesure de nouveau la force élastique du gaz restant, après avoir affleuré le mercure en α ; $H'''' + h'''' - f$ est alors cette force élastique. Par suite,

$$(H''' + h''' - f) - (H'''' + h'''' - f) = H''' - H'''' + h''' - h''''$$

est la force élastique du mélange gazeux disparu dans la combustion ;

$\frac{1}{3}(H''' - H'''' + h''' - h'''')$ est la force élastique de l'oxygène contenu dans le gaz sec dont la force élastique est $(H'' + h'' - f)$;

et $\quad \frac{1}{3}\dfrac{(H''' - H'''' + h'' - h'''')}{H'' + h'' - f})$ est la proportion d'oxygène contenue dans le gaz débarrassé d'acide carbonique.

Il est facile d'en déduire la proportion d'oxygène contenue dans le gaz primitif.

L'exemple que nous avons choisi suffit pour montrer
comment on opère avec cet appareil ; les manipulations
sont des plus simples , et l'opérateur les exécute entièrement tout seul, sans avoir besoin d'aucun aide ; enfin, l'opération est tellement rapide, que celle que nous venons de
décrire exige moins de trois quarts d'heure : encore la plus
grande partie de ce temps est-elle prise par l'absorption de
l'acide carbonique et le nettoyage de la cloche après cette
opération. Une analyse de l'air, débarrassé d'acide carbonique, se fait en moins de vingt minutes.

Nous remarquerons que, dans cette manière d'opérer,
on n'a besoin d'aucun jaugeage de capacité, opération qui
est toujours fort délicate ; le volume du gaz est constamment
le même, et l'on n'en détermine que les forces élastiques.

Nous nous sommes contentés de mesurer les forces élastiques du gaz , en lisant directement sur les tubes gradués
cdab, les divisions auxquelles correspondent les colonnes
de mercure. Pour éviter les erreurs de parallaxe , on lisait
ces divisions avec une lunette horizontale LL', et l'on ap-
préciait à l'œil le $\frac{1}{10}$ de millimètre. Cette précision était suffisante pour notre but ; mais il est clair que l'on obtiendrait
plus de rigueur en faisant les mesures avec un cathétomètre.

On peut se servir du même appareil d'une autre manière :
au lieu de maintenir le volume du gaz constant et de mesurer ses forces élastiques, on peut faire l'inverse, rendre constante la force élastique et mesurer le volume. Dans ce cas,
le tube *ab* doit être jaugé avec précision ; ce jaugeage est
d'ailleurs facile à faire, avec une grande certitude, sur l'appareil monté. Il suffit, pour cela, de remplir le mesureur
complétement de mercure ; puis, maintenant constante la
température de l'eau qui l'environne, on fait couler successivement le mercure en mettant le robinet R dans la
position où le mercure du tube *ab* s'écoule seul : on pèse

le mercure écoulé, et l'on note la division à laquelle le niveau du mercure affleure, chaque fois, sur l'échelle du tube.

Pour juger du degré d'exactitude que comporte notre appareil, nous avons fait six analyses de l'air atmosphérique recueilli dans un flacon et privé de son acide carbonique. Nous avons opéré comme nous l'avons dit précédemment, sans mesurer les forces élastiques au cathétomètre ; en un mot, en restant dans les conditions où nous voulions nous tenir pour l'analyse des gaz de la respiration. Nous avons obtenu les volumes suivants d'oxygène contenus dans 100 d'air :

$$20,936$$
$$20,940$$
$$20,932$$
$$20,960$$
$$20,946$$
$$20,941$$

La plus grande différence s'élève à 0,028 ; c'est une précision plus grande que celle qui a encore été atteinte par les procédés connus.

Nous nous sommes ensuite livrés à une série de recherches dans le but de reconnaître les causes d'erreur qui peuvent se présenter dans les analyses eudiométriques suivant la composition du mélange gazeux, et nous avons cherché les moyens de les éviter.

Nous avons déterminé d'abord les limites d'explosibilité des mélanges d'hydrogène et d'oxygène dans lesquels l'un ou l'autre de ces gaz domine, ainsi que les plus grandes variations que ces mélanges peuvent présenter, sans que l'analyse eudiométrique devienne inexacte.

MM. Gay-Lussac et Humboldt se sont déjà occupés de cette recherche (*Journal de Physique*, 1805) ; ils déterminèrent la réduction de volume que subissaient des mélanges en proportions variables d'hydrogène et d'oxygène lorsqu'on les enflammait dans l'eudiomètre. Dans une série d'expériences où l'oxygène était en excès, ils trouvèrent les résultats suivants :

HYDROGÈNE.	OXYGÈNE.	ABSORPTION observée.	ABSORPTION calculée.	RAPPORT entre le volume du mélange détonant et celui du gaz total.
100	200	146	150	0,500
100	300	146	150	0,375
100	600	146	150	0,214
100	900	146	150	0,150
100	950	68	150	0,143
100	1000	55	150	0,136
100	1200	24	150	0,125
100	1400	14	150	0,100
100	1600	0	150	0,094

Tant que le volume du mélange détonant n'est pas devenu moindre que les 0,15 du volume total, l'absorption observée s'est accordée sensiblement avec l'absorption calculée; lorsque ce volume a été compris entre 0,15 et 0,10, la combustion n'a été que partielle, et la portion du mélange détonant qui y échappait est devenue de plus en plus considérable ; enfin, quand le volume du mélange n'a été que les 0,10 du volume total, il n'y a plus eu d'explosion.

MM. Gay-Lussac et Humboldt obtinrent des résultats semblables par l'inflammation de 100 d'oxygène avec 200, 300, .., 1000 d'hydrogène.

Nous donnerons d'abord les expériences que nous avons faites dans un excès d'hydrogène. Il faut se rappeler que, dans notre manière d'opérer, le volume du gaz reste constant, et que nous en apprécions la quantité par les

forces élastiques. Nous n'avons donc que celles-ci à in-
scrire. Nous désignerons par $\frac{F'}{F}$ le rapport entre la force élastique du mélange détonant et celle du gaz total.

Première expérience.

Hydrogène. 719,87
Oxygène. . . . . 141,58. . . . $\frac{F'}{F} = 0,164$
Oxygène déduit de l'absorption 140,93
     Perte. 0,65

Deuxième expérience.

Hydrogène. 688,16
Oxygène. . . . . 98,03. . . . $\frac{F'}{F} = 0,142$.
Oxygène déduit de l'absorption. 98,75
     Gain 0,72

Troisième expérience.

Hydrogène. 712,70
Oxygène. . . . . 69,09. . . . $\frac{F'}{F} = 0,088$.
Oxygène déduit de l'absorption. 67,72
     Perte. 1,37

Quatrième expérience.

Hydrogène. 704,92
Oxygène. . . . . 57,39. . . . $\frac{F'}{F} = 0,075$.

Pas d'explosion; le volume du mélange n'a pas diminué sensiblement par le passage de plusieurs étincelles.

Cinquième expérience.

Hydrogène. 714,01
Oxygène. . . . . 36,90 . . . $\frac{F'}{F} = 0,049$

Pas d'explosion ni de diminution de volume.

On voit par ces expériences que tant que $\frac{F'}{F}$ a été supérieur à 0,088, il y a eu explosion, et la combustion a été complète; car, pour $\frac{F'}{F} = 0,088$, on n'a eu qu'une perte de $1^{mm},37 = 0,0017$ du mélange total. Pour des valeurs de $\frac{F'}{F}$ moindres que 0,075, on n'a pas eu d'explosion. Ainsi, *pour des mélanges d'hydrogène et d'oxygène où l'hydrogène domine, la limite de l'explosibilité coïncide sensiblement avec celle à laquelle l'analyse cesse d'être exacte.*

Nous avons fait des expériences analogues sur des mélanges dans lesquels l'oxygène était dominant :

Première expérience.

Oxygène...................... 712,3

Hydrogène .... 161,7 ...$\frac{F'}{F} = 0,277$.

Hydrogène déduit de l'absorption.... 161,6

Perte........... 0,1

Deuxième expérience.

Oxygène...................... 784,8

Hydrogène..................... 107,2 ...$\frac{F'}{F} = 0,180$.

Hydrogène déduit de l'absorption.... 106,8

Perte........... 0,4

Troisième expérience.

Oxygène...................... 802,3

Hydrogène..................... 99,7 ...$\frac{F'}{F} = 0,166$.

Hydrogène déduit de l'absorption.... 99,9

Gain........... 0,2

Quatrième expérience.

Oxygène...................... 788,6

Hydrogène..................... 79,6 ...$\frac{F'}{F} = 0,137$.

Hydrogène déduit de l'absorption.... 27,8

Perte........... 51,8

Cinquième expérience.

Oxygène........................... 791,3

Hydrogène......................... 52,4 ...$\dfrac{F'}{F} = 0,093.$

On a pas eu d'explosion ; on a ajouté alors :

Hydrogène. 35,5. Hydrogène total. 85,9 ...$\dfrac{F'}{F} = 0,150.$

Perte........... $\overline{49,2}$

Sixième expérience.

Oxygène........................... 767,6

Hydrogène......................... 40,5 ...$\dfrac{F'}{F} = 0,075.$

On n'a pas eu d'explosion ; on a ajouté alors :

Hydrogène. 70,2. Hydrogène total. 110,7 ...$\dfrac{F'}{F} = 0,190.$

Hydrogène déduit de l'absorption.... 110,7

Perte........... $\overline{0,0}$

Septième expérience.

Oxygène........................... 796,0

Hydrogène......................... 33,7 ...$\dfrac{F'}{F} = 0,061.$

On n'a pas eu d'explosion ; on a ajouté alors :

Hydrogène. 28,0. Hydrogène total. 61,7 ...$\dfrac{F'}{F} = 0,108.$

Hydrogène déduit de l'absorption.... 9,3

Perte........... $\overline{52,4}$

Ainsi, tant que $\dfrac{F'}{F}$ n'a pas été moindre que 0,166, on a eu une combustion complète ; pour $\dfrac{F'}{F} = 0\,150$, les 0,44 de l'hydrogène ont seulement été brûlés ; pour $\dfrac{F'}{F} = 0,137$, les 0,65 de l'hydrogène ont échappé à la combustion ; pour $\dfrac{F'}{F} = 0,108$, les 0,15 de l'hydrogène ont été brûlés ; enfin .

(50)

pour les valeurs de $\frac{F'}{F} = 0{,}093$ et au-dessous, on n'a plus ou d'inflammation ni de diminution de volume par le passage des étincelles électriques. On peut donc admettre qu'*avec notre appareil, on obtient des analyses exactes pour des mélanges d'hydrogène et d'oxygène dominant, tant que le volume du mélange détonant ne forme pas une fraction moindre que 0,166 du mélange total, ou quand le volume de l'hydrogène forme au moins les 0,12 du volume de l'oxygène.*

On voit ici que la proportion du mélange détonant pour laquelle cesse la combustion totale, et celle pour laquelle on n'a plus d'explosion, sont beaucoup plus fortes que lorsque l'hydrogène était dominant. Ainsi, *la présence d'un excès d'oxygène s'oppose plus efficacement à la combustion du mélange détonant que celle d'un excès d'hydrogène.*

On voit également, par les expériences dans lesquelles on a eu des combustions complètes, qu'on n'a pas à craindre l'absorption de l'oxygène par le mercure au moment de l'explosion. Nous avons établi ce fait, avec plus de certitude encore, dans une série d'expériences où nous brûlions, dans un volume connu d'oxygène, des proportions de plus en plus grandes de gaz de la pile ; le volume de l'oxygène a toujours été retrouvé le même après la combustion.

Il nous a paru intéressant de rechercher si le gaz acide carbonique s'opposait plus fortement que l'oxygène à la combustion d'un mélange détonant d'hydrogène et d'oxygène. A cet effet, nous avons introduit dans notre eudiomètre un volume considérable d'acide carbonique, auquel nous avons ajouté successivement des quantités de plus en plus grandes de gaz de la pile jusqu'à ce qu'il y eût combustion par le passage de l'étincelle. Nous avons obtenu les résultats suivants :

Première expérience.

Acide carbonique 191,0

1re add. de mél. détonant. .   51,7 $\dfrac{F'}{F} = 0,061$ Pas d'explosion.

2e »   »   25,7 $\dfrac{F'}{F} = 0,089$ »

3e »   »   35,7 $\dfrac{F'}{F} = 0,126$ »

4e »   »   54,0 $\dfrac{F'}{F} = 0,176$ »

5e »   »   194,0 $\dfrac{F'}{F} = 0,267$. Explosion et ab

sorption complète.

Seconde expérience.

Acide carbonique 823,7

1re add. de mél. détonant. .   181,5 $\dfrac{F'}{F} = 0,180$ Pas d'explosion.

2e »   »   22,5 $\dfrac{F'}{F} = 0,197$ »

3e »   »   27,9 $\dfrac{F'}{F} = 0,219$ »

4e »   »   50,1 $\dfrac{F'}{F} = 0,254$. Explosion, mais

les 0,13 seulement du mélange détonant ont disparu.

5e »   »   62,0 $\dfrac{F'}{F} = 0,272$. Explosion ; les

0,97 du mélange détonant ont disparu.

Pour que le mélange détonant disparaisse complétement par la combustion, lorsqu'il est mélangé d'acide carbonique, il faut que la force élastique de ce mélange soit au moins les 0,27 de la force élastique totale, ou que son volume soit au moins les 0,42 de celui de l'acide carbonique. L'explosion partielle ne commence que quand $\dfrac{F'}{F}$ dépasse 0,22. *L'acide carbonique empêche donc, plus efficacement que l'oxy-gène, la combustion d'un mélange détonant;* car, avec l'oxygène, la combustion devenait complète lorsque $\frac{F'}{F}$ dé-passait 0,16.

Comme l'acide carbonique a une plus grande capacité calorifique que l'oxygène, on peut attribuer à cette cause le plus grand obstacle qu'il oppose à la combustion du mélange détonant; mais on ne peut pas expliquer de la même manière la différence que l'on observe pour l'oxygène et l'hydrogène, car, à volume égal et sous les mêmes pressions, ces deux gaz ont sensiblement la même chaleur spécifique. Il est probable que la mobilité du gaz exerce une grande influence sur ce phénomène.

Nous avons ensuite cherché l'influence qu'exerçait sur la combustibilité du mélange d'hydrogène et d'oxygène la présence d'une proportion plus ou moins considérable d'azote ou d'air atmosphérique. A cet effet, nous avons mêlé à un grand volume d'air des quantités de plus en plus petites d'hydrogène jusqu'à ce que nous n'eussions plus d'explosion. La proportion d'hydrogène était, dans tous les cas, insuffisante pour brûler tout l'oxygène de l'air.

Première expérience.

Air atmosphérique........ 688,52

Hydrogène............. 281,51 = 0,978 de $h : \frac{F'}{F} = 0,213.$

Hydrog. déd. de l'absorpt.. 281,32
$$\overline{}$$
Perte........ 0,19

h étant la quantité d'hydrogène nécessaire pour brûler tout l'oxygène de l'air.

Deuxième expérience.

Air atmosphérique....... 681,47

Hydrogène............. 186,39 = 0,654 de $h : \frac{F'}{F} = 0,213.$

Hydrog. déd. de l'absorpt.. 186,92
$$\overline{}$$
Gain........ 0,53

Troisième expérience.

Air atmosphérique....... 689,82

Hydrogène............. 111,75 = 0,387 de $h : \dfrac{F'}{F} = 0,139$

Hydrog. déd. de l'absorpt.. 110,92

Perte 0,83

Quatrième expérience.

Air atmosphérique....... 689,88

Hydrogène............. 83,93 = 0,291 de $h : \dfrac{F'}{F} = 0,108.$

Hydrog. déd. de l'absorpt.. 82,16

Perte 1,77

Cinquième expérience.

Air atmosphérique....... 688,43

Hydrogène............ 55,79 = 0,194 de $h : \dfrac{F'}{F} = 0,075.$

Hydrog. déd. de l'absorpt.. 14,12

Perte 41,67

Sixième expérience.

Air atmosphérique....... 695,88

Hydrogène............. 55,32 = 0,190 de $h : \dfrac{F'}{F} = 0,073.$

Hydrog. déd. de l'absorpt.. 16,20

Perte 39,12

Nous voyons, par ces expériences, que la combustion de l'hydrogène a été complète tant que $\dfrac{F'}{F}$, c'est-à-dire le rapport entre la force élastique du mélange détonant et celle du gaz total, n'a pas été moindre que 0,14, ou quand le volume de l'hydrogène ne formait pas une fraction plus petite que 0,17 du volume de l'air. C'est la même limite exactement que celle que nous avons trouvée pour le cas de la combustion du mélange détonant dans un excès d'oxygène. Ainsi, *l'azote et l'oxygène s'opposent, avec la même efficacité, à la combustion du mélange détonant.*

Nous avons obtenu des résultats absolument semblables en faisant brûler, dans un même volume d'air atmosphérique, des proportions décroissantes de gaz de la pile jusqu'à ce qu'il n'y eût plus de combustion. La limite, à partir de laquelle la combustion est devenue incomplète, a été trouvée la même que dans le cas précédent. Dans celles de ces dernières expériences où nous avons eu des combustions complètes, nous avons retrouvé exactement le volume de l'air initial ; il ne s'est pas formé de produits nitreux, bien que les circonstances, regardées généralement comme favorables à cette production, se trouvassent réalisées. Nous avons jugé convenable de rechercher les conditions dans lesquelles cette formation a lieu.

MM. Bunsen et Kolbe ont fait dernièrement des expériences intéressantes sur ce sujet (*Annales de Liebig*, tome LIX, page 208) ; ils ont fait brûler dans un volume constant d'air un mélange détonant d'oxygène et d'hydrogène en proportions décroissantes, et ils ont obtenu les résultats suivants :

Air.	Gaz détonant.	Résidu.
100	259,70	86,15
100	226,86	88,56
100	84,98	99,19
100	63,21	99,97
100	48,98	99,99
100	40,00	100,10
100	36,39	100,36
100	21,20	100,79
100	11,00	pas de combustion.

On voit dans ces expériences que, tant que le mélange détonant a formé une fraction plus grande que 0,40 et plus petite que 0,85 du volume de l'air, l'absorption a été exacte ; quand cette fraction a été plus petite que 0,40, l'absorp-

tion a été trop faible ; enfin, quand elle a été plus grande
que o,85, on a eu une absorption trop grande, par suite de
la formation de produits nitreux.

M. Bunsen a constaté que, dans ce dernier cas, il se
forme de l'azotate d'oxydule de mercure, dont on observe
quelquefois de petits cristaux aiguillés sur les parois de
l'eudiomètre. Une haute température, qui produit la volatilisation d'une certaine quantité de mercure, est nécessaire à cette production, et c'est pour cela que le volume
du mélange détonant doit être considérable.

Nous avons répété les expériences de M. Bunsen, et nous
sommes arrivés à des résultats semblables ; l'absorption a
été exacte tant que le volume du mélange détonant n'a pas
dépassé les o,92 de celui de l'air atmosphérique ; pour des
proportions plus considérables de mélange détonant, il y
a eu formation de produits nitreux. Nous avons d'ailleurs
constaté que c'est bien de l'azotate d'oxydule de mercure qui
se forme dans cette circonstance. Après avoir fait détoner,
plusieurs fois de suite, avec le même volume d'air, du gaz
de la pile, dans les proportions favorables à la formation des
produits nitreux, nous avons introduit un peu d'eau dans
l'eudiomètre pour en laver les parois. Cette eau a donné un
précipité noir avec la potasse ; évaporée sur un verre de
montre, elle a donné de petits cristaux blancs qui, par la
calcination, se sont changés en une poudre rouge d'oxyde
de mercure.

Il est donc important de rester entre les limites que nous
venons d'indiquer, toutes les fois que l'on fait brûler un mélange détonant au milieu de l'air atmosphérique, opération que nous avons eu constamment à faire dans nos analyses des gaz de la respiration ; mais cela est facile, parce
que les limites entre lesquelles les analyses sont exactes, sont
fort éloignées.

Il nous paraissait probable que le diamètre intérieur de
l'eudiomètre devait avoir une influence sur les limites de

combustibilité des mélanges détonants. Le tube de notre eudiomètre ordinaire a 16 millimètres de diamètre intérieur ;
nous avons voulu nous assurer si les limites de combustibilité seraient encore les mêmes dans un tube qui n'avait
que 7 millimètres. Nous avons fait détoner dans ce tube,
qui remplaçait le tube ab de notre eudiomètre, de l'air
atmosphérique avec des proportions de plus en plus grandes
de gaz de la pile.

Première expérience.

Air atmosphérique 806,6

1re add. de gaz de la pile.   95,5 $\dfrac{F'}{F} = 0,105$ Pas d'explosion.

2e »   »   87,5 $\dfrac{F'}{F} = 0,185$ »

3e »   »   183,6 $\dfrac{F'}{F} = 0,312$. Explosion et combustion complète.

Deuxième expérience.

Air atmosphérique 784,0

Gaz de la pile. . . . . 281,1 $\dfrac{F'}{F} = 0,264$. Explosion et combustion complète.

Troisième expérience.

Air atmosphérique 782,7

Gaz de la pile. . . . . 230,2 $\dfrac{F'}{F} = 0,226$. Explosion et combustion complète.

La plus petite valeur de $\dfrac{F'}{F}$, pour laquelle la combustion
est encore complète, doit s'éloigner peu de 0,21 ; il n'y a
pas eu d'explosion pour $\dfrac{F'}{F} = 0,185$, et, pour cette dernière
valeur, l'explosion aurait eu lieu dans l'eudiomètre de 16
millimètres de diamètre. La combustion est donc plus difficile dans un tube étroit que dans un tube plus large. Ce
fait s'est montré d'une manière encore plus marquée,

(57)

lorsque le gaz de la pile a été mélangé avec de l'acide carbonique.

Acide carbonique....... 726,6

1re add. du gaz de la pile. 276,8 $\dfrac{F'}{F} = 0,275$ Pas d'explosion.

2e » » 103,3 $\dfrac{F'}{F} = 0,343$. Explosion et combustion complète.

Dans le large tube nous avons eu une combustion complète pour $\dfrac{F'}{F} = 0,267$.

Lorsqu'on fait détoner un mélange d'hydrogène, d'oxygène ou d'air atmosphérique, et d'acide carbonique, l'hydrogène étant en excès, *une partie de l'acide carbonique est constamment transformée en oxyde de carbone.* Ce fait est démontré par les expériences suivantes :

Première expérience.

On a ajouté à un mélange de :

> Acide carbonique.... 47,4
> Hydrogène 52,6
> ───────
> 100,0

un volume indéterminé de gaz de la pile, et l'on a fait passer l'étincelle.

La diminution de volume a été de.. 28,6 { correspondant à 28,6 d'acide carbonique changé en oxyde de carbone.

La potasse a absorbé........... 19,0 { d'acide carbonique restant.

───────
47,6

Dans une deuxième expérience, faite sur le même mélange, on a eu :

Acide carbonique transformé en oxyde de carbone... 26,7
Acide carbonique restant...................... 20,8

───────
47,5

R.

Enfin, une troisième expérience a été faite sur un mélange composé de :

            Acide carbonique............... 19,3
            Hydrogène..................... 8o,7
                                        ————
                                        100,0

on a eu :

Acide carbonique transformé en oxyde de carbone... 16,1
Acide carbonique restant..................... 3,2
                                        ————
                                        19,3

Ainsi, *lorsqu'on veut déterminer, par combustion, la proportion d'oxygène qui se trouve dans un air contenant de l'acide carbonique, il est absolument nécessaire d'absorber préalablement cet acide par la potasse.*

Réciproquement, lorsqu'on fait brûler un mélange détonant renfermant un excès d'hydrogène dans un gaz qui contient de l'oxyde de carbone, *il y a toujours une portion de ce dernier gaz transformée en acide carbonique;* la portion en est d'autant plus grande que l'excès d'hydrogène est plus faible. Ce fait est démontré par les expériences suivantes :

Dans les deux premières expériences on a fait détoner de l'air atmosphérique avec un excès d'hydrogène et une certaine quantité d'oxyde de carbone.

Première expérience.

Air atmosphérique. 656,64 { Oxygène 137,57
                            Azote............. 519,07
                            Hydrogène........ 475,6
                            Oxyde de carbone... 233,3
                                        ————
                                        1365,54

Après le passage de l'étincelle on a eu une absorption.. 364,2
La potasse a absorbé acide carbonique......... . 46,2

On déduit de là :

Oxygène combiné avec l'hydrogène......... 113,7
Oxygène combiné avec l'oxyde de carbone... 23,1
                                        ————
            Oxygène total......... 136,8

Deuxième expérience.

Air atmosphérique.   657,34 { Oxygène.............   137,71
Azote..............   519,63
Hydrogène..........   511,40
Oxyde de carbone...   204,40
————————
1373,14

Après le passage de l'étincelle on a eu une absorption..   376,3
La potasse a absorbé acide carbonique.............   39,4

On déduit de là :

Oxygène combiné avec l'hydrogène........   118,87
Oxygène combiné avec l'oxyde de carbone..   19,70
————————
Oxygène total........   138,57

Dans les deux expériences suivantes on a fait détoner des mélanges d'oxygène, d'hydrogène et d'oxyde de carbone, mais dans lesquels tantôt l'hydrogène, tantôt l'oxyde de carbone dominait.

Troisième expérience.

Oxygène............   260,00
Hydrogène..........   873,05
Oxyde de carbone....   230,50
————————
1363,55

L'étincelle a donné une diminution de volume de......   734,7
La potasse a absorbé acide carbonique.............   50,5

D'où l'on déduit :

Oxygène combiné avec l'hydrogène........   233,1
Oxygène combiné avec l'oxyde de carbone...   25,3
————————
Oxygène total........   258,4

Quatrième expérience.

Oxygène............   294,8
Hydrogène..........   525,2
Oxyde de carbone......   781,4
————————
1601,4

(60)

L'étincelle a donné une diminution de volume de...... 646,7
La potasse a absorbé acide carbonique............ .. 242,6

D'où l'on déduit :

Oxygène combiné avec l'hydrogène. 175,13
Oxygène combiné avec l'oxyde de carbone 121,30
                                          ————————
Oxygène total........... 296,43

On voit que, dans toutes ces expériences, il y a eu une portion de l'oxyde de carbone transformée en acide carbonique, malgré l'excès de l'hydrogène, et la proportion en a été d'autant plus considérable que la quantité d'oxyde de carbone a été plus grande.

Notre appareil se prêtait très-bien à rechercher si les limites d'explosibilité d'un mélange gazeux sont plus étendues lorsque ce mélange est mis sous une pression plus ou moins grande. En opérant sur un mélange qui n'avait pas détoné sous la pression ordinaire de l'atmosphère, mais dont la composition était très-rapprochée de celle pour laquelle la détonation a lieu, nous n'avons pas réussi à le faire brûler, soit en le mettant sous une pression de $\frac{1}{2}$ atmosphère, soit en le comprimant par une pression de 2 atmosphères. En lui ajoutant une petite quantité du gaz qui faisait défaut, nous avons eu la détonation également sous la pression de $\frac{1}{2}$, de 1 et de 2 atmosphères. Cette expérience ne décide pas que l'explosibilité d'un mélange gazeux s'arrête *rigoureusement* à la même limite, quelle que soit la pression sous laquelle il se trouve; elle prouve seulement que cette limite est, *à très-peu de chose près,* la même. C'est le seul point qui nous importait pour l'eudiométrie.

Emploi des réactifs absorbants.

On peut souvent employer avec avantage les réactifs absorbants pour l'analyse des mélanges gazeux.

L'absorption de l'acide carbonique par la potasse se fait facilement et très-exactement dans notre appareil ; la seule précaution à prendre, c'est de n'introduire dans le tube laboratoire qu'une petite quantité de dissolution concentrée de potasse, afin que cette liqueur ne puisse pas dissoudre une proportion sensible du gaz restant. Il est utile de faire passer deux ou trois fois le gaz, du laboratoire dans le mesureur, afin de tenir les parois du laboratoire mouillées d'une dissolution alcaline très-active. L'absorption est complète après deux passages, et le volume du gaz reste ensuite constant, quel que soit le temps pendant lequel on le laisse séjourner sur la potasse.

Nous avons essayé tous les réactifs absorbants de l'oxygène qui ont été proposés jusqu'ici.

Le phosphore absorbe l'oxygène très-lentement, à une basse température. L'absorption n'est souvent pas complète après plusieurs jours; pour la hâter, on place, vers la fin, le tube au soleil. Lorsqu'on introduit un globule de phosphore dans un gaz privé d'oxygène, et contenu dans une cloche dont les parois sont mouillées par une dissolution alcaline, on remarque constamment que le gaz augmente de volume. Cette circonstance tient probablement à ce que, au contact du phosphore avec la dissolution alcaline, il se forme de l'hypophosphite de potasse, et qu'il se dégage de l'hydrogène ou de l'hydrogène phosphoré. Cette cause d'erreur a dû se présenter fréquemment dans l'analyse des gaz par les anciens procédés.

Les sulfures alcalins, les sulfites et les hyposulfites absorbent l'oxygène avec une lenteur telle, qu'il est impossible de s'en servir pour l'analyse; on est obligé d'employer un volume considérable de la liqueur absorbante, et, si on laisse agir celle-ci indéfiniment, on obtient souvent une absorption plus grande que celle qui correspond à l'oxygène contenu dans le mélange gazeux.

Le sulfate de protoxyde de fer saturé de deutoxyde d'azote absorbe plus rapidement l'oxygène, mais il ne donne pas non plus d'analyse exacte. A la fin de l'absorption, il faut mettre le gaz en présence d'une dissolution de sulfate de protoxyde de fer pur, pour absorber de nouveau le deutoxyde d'azote que la première liqueur a pu abandonner. Le gaz est donc mis en contact avec des volumes considérables de liqueur, et il est toujours à craindre que sa composition ne soit altérée par une absorption ou un dégagement de gaz opérés par ces liqueurs.

L'hydrate de protoxyde de fer, en suspension dans une dissolution alcaline, absorbe rapidement l'oxygène. Pour employer ce réactif dans notre appareil, nous plaçons dans le laboratoire plusieurs tubes étroits, ouverts aux deux bouts, puis nous y introduisons 1 ou 2 centimètres cubes de la liqueur. Lorsqu'on fait passer ensuite le gaz dans le laboratoire, il se trouve soumis à une large surface absorbante, parce que les parois des tubes restent couvertes d'hydrate de protoxyde de fer. On peut aussi se passer des tubes intérieurs, et se contenter d'agiter fréquemment le tube du laboratoire que l'on a détaché de l'appareil ; mais alors la liqueur visqueuse donne souvent beaucoup de mousse, et il faut attendre longtemps pour que celle-ci s'affaisse.

Le protochlorure de cuivre dissous dans l'ammoniaque, et le sulfite de protoxyde de cuivre ammoniacal, absorbent aussi très-rapidement l'oxygène. Il faut agiter fréquemment le tube qui renferme le gaz et la liqueur absorbante. Le gaz renferme alors nécessairement un peu de gaz ammoniac abandonné par la liqueur, et on est obligé, avant de le faire passer dans le tube mesureur, de le recueillir dans un second tube laboratoire renfermant quelques gouttes d'acide sulfurique étendu. On peut aussi se servir des pipettes à gaz proposées par M. Ettling (*Annalen der Pharmacie* de Liebig, tome LIII, page 141). On introduit dans l'une de ces pipettes remplie de mercure la dissolution absorbante ; puis, par aspiration, on fait passer le gaz du laboratoire dans la pipette. On agite fréquemment, et on laisse séjourner le gaz dans la pipette jusqu'à ce que l'absorption de l'oxygène soit complète ; après quoi, on fait passer le gaz dans le laboratoire, où on a mis quelques gouttes d'acide sulfurique étendu.

L'emploi des liquides absorbants pour l'analyse des gaz présente une cause d'erreur qu'il n'est pas toujours facile d'éviter. Comme on est obligé d'en employer un volume un peu considérable, il est toujours à craindre que le liquide n'altère la composition du résidu gazeux à cause des petites quantités de gaz qu'il peut dissoudre ou exhaler. Lorsqu'on ne s'en sert que pour analyser des mélanges d'oxygène et d'azote, cette erreur est moins à redouter, si l'on a soin de ne jamais introduire dans l'appareil qu'une dissolution de protochlorure de cuivre ayant séjourné longtemps au contact d'une atmosphère d'azote pur; cette condition se trouve naturellement remplie quand on conserve cette liqueur dans un flacon bouché que l'on n'ouvre pas très-fréquemment. Mais il n'en serait pas de même si le résidu gazeux contenait encore d'autres gaz que l'azote.

L'analyse de l'air par les réactifs absorbants a toujours été beaucoup plus longue dans notre appareil que celle par combustion avec l'hydrogène. Pour ne pas conserver d'inquiétude sur l'exactitude de l'analyse, il est nécessaire de s'assurer que le résidu gazeux ne subit pas une nouvelle diminution de volume par un séjour plus longtemps prolongé au contact du réactif absorbant. La combustion par l'hydrogène est, au contraire, toujours immédiatement complète, si l'on a eu soin de bien mélanger les gaz en les faisant passer, deux fois, du laboratoire dans le mesureur, et si la proportion du gaz combustible, par rapport au mélange, est restée au-dessus de la limite que nous avons fixée plus haut ; ce que l'on reconnaît, d'ailleurs, facilement quand l'analyse est terminée.

Dans quelques cas spéciaux que nous indiquerons plus loin, on ne peut pas se servir de la combustion, et il faut avoir recours aux réactifs absorbants pour déterminer l'oxygène.

Le gaz acide sulfureux s'absorbe par la potasse. Quand il

est mélangé avec de l'acide carbonique, on peut faire l'analyse du mélange au moyen de l'oxyde rouge de mercure ou du peroxyde de plomb, qui n'absorbent que l'acide sulfureux. A cet effet, on applique ces oxydes délayés avec un peu d'eau sur une tige de porcelaine dégourdie, sur laquelle ils restent ensuite fixés ; puis on introduit dans le tube laboratoire, contenant le mélange gazeux, la tige ainsi recouverte d'oxyde humide, et on l'y laisse jusqu'à ce que l'absorption soit complète. La séparation des deux gaz se fait encore plus facilement au moyen d'une dissolution concentré de bichromate de potasse mélangée d'acide sulfurique, qui n'absorbe que l'acide sulfureux.

Le cyanogène s'absorbe immédiatement par la potasse ; il peut être absorbé aussi par l'oxyde de mercure humide ; mais l'absorption est très-lente.

On absorbe l'hydrogène sulfuré par une petite quantité d'une dissolution de sulfate de cuivre ou d'acétate de plomb.

L'hydrogène bicarboné est absorbé par de l'acide sulfurique de Nordhausen fortement chargé d'acide sulfurique anhydre. On prépare cette dissolution en versant un peu d'acide sulfurique concentré dans un tube où l'on a condensé de l'acide sulfurique anhydre. On peut introduire une petite quantité de cet acide fumant, au moyen d'une pipette recourbée, dans le tube laboratoire renfermant le mélange gazeux ; mais alors le mercure est attaqué, et il se dégage de l'acide sulfureux. Il vaut mieux imbiber d'acide fumant un morceau de mousse de platine ou de coke fixé à un fil de platine, et que l'on introduit au milieu du gaz. Dans tous les cas, avant de faire passer le gaz dans le mesureur, il faut le faire séjourner dans un second tube, au contact d'une dissolution alcaline. Il est essentiel aussi que le mélange gazeux soumis à l'action de l'acide sulfurique fumant ne renferme plus d'oxygène ; car le mercure pourrait, au contact de l'acide, absorber facilement une portion de ce gaz. Ce procédé peut servir à séparer l'hydrogène bicarboné de l'hydrogène protocarboné, mais

il présente peu de précision, parce que l'absorption complète du gaz oléfiant demande beaucoup de temps.

Les méthodes par absorption peuvent souvent être com-
binées utilement avec les procédés par combustion, dans
l'analyse des mélanges de gaz; mais il faut les employer avec
beaucoup de circonspection, car ils peuvent facilement in-
duire en erreur lorsque le gaz que l'on veut doser se trouve
en très-petite quantité.

APPLICATION DES MÉTHODES PRÉCÉDENTES A L'ANALYSE DE QUELQUES MÉLANGES GAZEUX.

Nous supposerons toujours que ces mélanges ont été
préalablement débarrassés d'acide carbonique par l'action
de la potasse.

Mélanges d'oxygène et d'azote.

L'analyse des mélanges d'oxygène et d'azote se fait par
combustion dans notre eudiomètre en opérant comme nous
l'avons dit (page 42). Nous nous arrêterons seulement sur
les deux cas extrêmes :

1°. Quand le mélange renferme très-peu d'oxygène;

2°. Quand il contient, au contraire, très-peu d'azote.

Lorsque le mélange gazeux renferme très-peu d'oxygène, on n'obtient pas de combustion, ou une combustion incomplète, quand, après l'avoir mélangé d'un excès
d'hydrogène, on fait passer l'étincelle électrique. On y
ajoute alors une certaine quantité de gaz de la pile, et, après
avoir déterminé un mélange homogène en faisant passer
plusieurs fois le gaz du mesureur dans le laboratoire, on
fait passer l'étincelle; la combustion a lieu d'une manière
complète, et la diminution de volume que le mélange
a subie donne la somme de l'hydrogène et de l'oxygène
qui se sont combinés. Le $\frac{1}{3}$ de cette somme donne l'oxygène,
et les $\frac{2}{3}$ l'hydrogène. On n'a aucun compte à tenir du gaz
de la pile introduit, parce qu'il disparaît complétement
par la combustion. Il est clair, d'ailleurs, qu'il faut toujours s'assurer si le volume de l'hydrogène que l'on a ajouté

est plus grand que les $\frac{2}{3}$ du volume disparu ; car s'il en était autrement, c'est qu'il pourrait rester encore une portion d'oxygène dans le résidu gazeux.

Pour préparer le gaz de la pile, nous plaçons de l'eau récemment bouillie, et additionnée d'un peu d'acide sulfurique, dans un gros tube bouché à un bout ; nous faisons descendre dans cette eau deux lames de platine qui terminent les deux fils de la pile, lesquels traversent le bouchon obturateur du tube. Ce même tube est traversé par un tube abducteur qui sert à recueillir les gaz sur une cuve à mercure. Quatre couples de Bunsen, moyennement chargés, suffisent pour donner un dégagement abondant de gaz. On laisse le gaz se perdre à travers le mercure, pendant plusieurs heures, afin d'être sûr que l'eau a dissous les deux gaz dans les proportions qui conviennent, sous une atmosphère formée de 1 volume d'oxygène et de 2 volumes d'hydrogène. On recueille alors le gaz dans des cloches. Avant de s'en servir, il faut s'assurer qu'il ne laisse pas de résidu à la combustion. A cet effet, on mesure exactement dans l'eudiomètre un certain volume d'air atmosphérique, on y fait passer un volume à peu près égal de gaz de la pile, et, après avoir opéré le mélange parfait des gaz, on fait passer l'étincelle. Si le gaz de la pile renferme les deux gaz dans les proportions exactes qui constituent l'eau, l'air atmosphérique occupe, après la combustion, exactement le même volume qu'avant.

Lorsque le mélange renferme, au contraire, beaucoup d'oxygène, la combustion se fait toujours facilement, et l'analyse est exacte, pourvu que l'on ait mis un excès d'hydrogène. Mais, lorsqu'on ne connaît pas la composition approchée du gaz, il arrive quelquefois que l'on est obligé d'ajouter une si grande quantité d'hydrogène, qu'on ne peut plus la mesurer en ramenant le gaz au même volume, parce que la colonne de mercure qui lui fait équilibre dépasserait l'extrémité supérieure du tube cd. On aurait pu, il est vrai, éviter cet inconvénient en opérant sur une plus petite quantité du mélange à analyser ; mais on peut continuer l'analyse en affleurant le mélange de gaz et d'hydrogène à un repère γ plus bas que le repère α. On fait passer l'étincelle électrique après avoir mis le gaz à peu près en équilibre avec la pression extérieure, et l'on mesure la force élastique du résidu, soit au niveau α, soit au niveau γ. Il est facile de déterminer par le calcul, et à l'aide d'une nouvelle mesure faite avec l'appareil, les forces élastiques que présenteraient les mélanges gazeux si, au lieu d'affleurer au niveau γ, on avait constamment affleuré au niveau α. Il arrivera souvent que le résidu gazeux de la combustion, affleuré successivement aux repères α et γ, corresponde à des forces élastiques mesurables sur le tube cd. S'il en était autrement, on ferait sortir une portion du gaz, ou l'on ferait entrer un peu d'air atmosphérique, pour que cette condition soit remplie. Soient H′ et H″ les forces élastiques qui correspondent au même gaz lorsqu'il est affleuré successivement aux repères α et γ ; H la force élastique du mélange de gaz et d'hydrogène qui, ne pouvant pas être affleuré en α, a été amené au repère γ ; x la force élastique que marquerait ce gaz s'il était affleuré au repère α ; on aura évidemment

$$x = \mathrm{H} \cdot \frac{\mathrm{H}'}{\mathrm{H}''}.$$

Souvent, on rencontre l'inconvénient inverse : le résidu gazeux est trop petit pour qu'on puisse le mesurer au repère α ; on le mesure alors à un repère plus élevé, et on détermine, par un calcul semblable à celui que nous venons d'indiquer, la force élastique que ce gaz présenterait si le niveau était affleuré en α.

On peut aussi éluder la difficulté d'une autre manière. Après avoir fait passer dans le tube laboratoire le résidu gazeux dont le volume est trop petit pour être mesuré au repère ordinaire, on introduit dans le mesureur une certaine quantité d'air, dont on détermine la force élastique après avoir affleuré le mercure au repère α; puis on y fait passer le gaz recueilli dans le laboratoire, et l'on détermine l'accroissement qu'il produit dans la force élastique.

Si la proportion d'azote est très-petite dans le mélange, et si l'on n'a pas mis un grand excès d'hydrogène, il peut se faire que le résidu de la combustion ne puisse être mesuré qu'en le réduisant à un très-petit volume. Il est convenable, dans ce cas, si l'on cherche à obtenir une grande exactitude, de ne regarder cette analyse que comme approximative, et d'en faire une nouvelle dans laquelle on emploiera une plus grande proportion d'hydrogène.

Mélange d'hydrogène et d'azote.

Pour faire l'analyse de ce mélange, on le brûle dans l'eudiomètre avec un excès d'oxygène; le volume de l'hydrogène est alors les $\frac{2}{3}$ du volume disparu. Il est nécessaire de veiller à ce que le volume du gaz détonant ne forme pas plus des 0,8 du résidu gazeux qui reste après la combustion, car, sans cela, il se formerait de l'azotate de mercure (page 54). Il est toujours facile d'éviter cette circonstance en augmentant la quantité d'oxygène, dont l'excès, plus ou moins grand, ne nuit pas d'ailleurs à la précision de l'analyse. On peut aussi faire la combustion en deux fois. On ajoute d'abord une quantité insuffisante d'oxygène, que l'on mesure exactement; on fait passer l'étincelle, et l'on mesure le résidu; on ajoute à celui-ci un excès d'oxygène que l'on détermine rigoureusement, et l'on fait une nouvelle combustion. C'est toujours de cette manière qu'il convient d'opérer lorsque le gaz ne renferme que très-peu d'azote, parce qu'alors on est obligé d'ajouter un grand excès d'oxygène pour pouvoir mesurer le résidu après la combustion. On peut aussi, pour augmenter le résidu, ajouter, au mélange à analyser, de l'air atmosphérique que l'on mesure exactement; puis de l'oxygène, afin d'avoir un excès de ce gaz.

Si la proportion d'hydrogène est, au contraire, très-petite, on obtient un mélange inexplosible après l'addition de l'oxygène. Pour obtenir une combustion complète, on ajoute du gaz de la pile.

Mélange d'oxygène et d'hydrogène.

Après avoir mesuré le gaz dans l'eudiomètre, on fait passer une étincelle électrique; les $\frac{2}{3}$ du volume disparu sont de l'hydrogène, et l'oxygène est le $\frac{1}{3}$ de ce volume. Le résidu gazeux est de l'oxygène ou de l'hydrogène. Il suffit de s'assurer de sa nature. Si ce résidu était trop petit pour être mesuré, il faudrait, après s'être assuré de sa nature, faire une seconde analyse en ajoutant au mélange un excès de l'un ou de l'autre gaz, que l'on mesurerait exactement, ou employer l'artifice que nous avons décrit (page 67).

Mélange d'azote, d'oxygène et d'hydrogène.

Ce mélange s'analyse comme le précédent; seulement, après avoir déterminé une première combustion par l'étincelle électrique, et s'être assuré s'il reste de l'hydrogène ou de l'oxygène dans le résidu, on ajoute un excès du gaz qui y manque, et l'on fait une nouvelle combustion, après addition de gaz de la pile, si cela est nécessaire. On prend, d'ailleurs, les mêmes précautions que dans l'analyse du mélange d'oxygène et d'hydrogène; mais il faut veiller, en outre, à ce que, dans l'une ou l'autre de ces combustions, si elle a lieu en présence d'un excès d'oxygène, le volume du gaz détonant ne forme jamais plus des 0,8 du résidu qui reste après la combustion; autrement, on aurait des produits nitreux. Il est toujours facile d'éviter cet inconvénient en ajoutant une certaine quantité d'air atmosphérique dont on tient compte.

Mélange d'oxygène et d'oxyde de carbone.

On fait passer l'étincelle électrique et l'on mesure le résidu; on fait rendre ensuite celui-ci dans le laboratoire, au contact de la dissolution de potasse, et, par l'absorption qui se produit, on a l'acide carbonique formé. Or, 1 volume d'oxyde de carbone consomme $\frac{1}{2}$ volume d'oxygène, et donne 1 volume d'acide carbonique. Ainsi, le volume cherché de l'oxyde de carbone est précisément égal à celui de l'acide carbonique trouvé ; il est aussi le double de la diminution de volume que le gaz a éprouvée par la combustion.

Si la proportion d'oxyde de carbone est petite, il y a combustion incomplète ou absence de combustion ; il faut alors ajouter du gaz de la pile. L'addition de ce gaz est utile dans tous les cas, parce que la chaleur dégagée par la combustion de l'oxyde de carbone n'étant pas très-considérable, la combustion est souvent incomplète.

Mélange d'azote et d'oxyde de carbone.

On ajoute à ce mélange un excès d'oxygène que l'on mesure exactement, puis une certaine quantité de gaz de la pile, et l'on fait détoner ; le volume de l'oxyde de carbone est le double de celui qui disparaît par la combustion, et il est égal au volume de l'acide carbonique formé, que l'on détermine rigoureusement en l'absorbant par la potasse. Il faut veiller seulement à ce que le mélange combustible ne soit pas en assez forte proportion, par rapport au gaz inerte, pour qu'il se forme des produits nitreux. Cet inconvénient n'est bien à craindre que lorsqu'on a ajouté beaucoup de gaz de la pile, parce qu'alors la température s'élève assez pour produire une abondante volatilisation de mercure. On l'évite, dans tous les cas, en ajoutant au gaz une quantité convenable d'air atmosphérique, dont on tient compte dans le calcul de l'expérience.

Mélange d'hydrogène et d'oxyde de carbone.

On ajoute à ce mélange un volume d'oxygène un peu plus grand que le sien ; on fait détoner, et l'on note l'absorption m ; enfin, on absorbe l'acide carbonique par la potasse. Soient n le volume de l'acide carbonique que l'on trouve ainsi, x la proportion d'hydrogène, z celle de l'oxyde de carbone. L'hydrogène, en brûlant, consomme son demi-volume d'oxygène; ainsi, par suite de la combustion du gaz hydrogène, il y a une diminution de volume $\frac{3}{2} x$. L'oxyde de carbone consomme son demi-volume d'oxygène et produit un volume d'acide carbonique égal au sien; l'absorption produite par la combustion de ce gaz est donc $\frac{1}{2} z$. Ainsi on a

$$\frac{3}{2} x + \frac{1}{2} z = m,$$

$$z = n,$$

d'où

$$x = \frac{2\,m - n}{3}.$$

Il est nécessaire d'ajouter un volume considérable d'oxygène, afin qu'il reste, après l'explosion, assez de gaz pour que sa mesure puisse se faire avec précision. Si le mélange primitif renfermait très peu d'hydrogène, il serait prudent, après la combustion, d'introduire du gaz de la pile, et de faire détoner de nouveau, afin d'être sûr que l'oxyde de carbone est entièrement brûlé.

Mélange d'azote, d'oxygène et d'oxyde de carbone.

Si ce mélange renferme beaucoup d'azote, peu d'oxyde de carbone et une quantité d'oxygène plus que suffisante pour changer l'oxyde de carbone en acide carbonique, on ajoute du gaz de la pile au mélange, et l'on fait détoner. Soit m l'absorption produite par la combustion; on détermine le volume n d'acide carbonique formé. Soient V le volume du mélange primitif, y le volume d'oxygène, z celui de l'oxyde de carbone, enfin u celui de l'azote, on aura d'abord les deux équations

$$z = n,$$

$$\frac{z}{2} = m, \quad \text{d'où } n = 2\,m,$$

qui devront donner la même valeur pour z ; ce qui prouvera que c'était bien de l'oxyde de carbone qui existait dans le mélange.

On ajoute alors un excès d'hydrogène, et une certaine quantité de gaz de la pile si l'on suppose qu'il ne reste que peu d'oxygène dans le mélange ; soit m' la nouvelle absorption qui a lieu par la combustion, on aura

$$y = \frac{n}{2} + \frac{m'}{3},$$

$$u = V - y - z = V - \frac{3n}{2} - \frac{m'}{3}.$$

Si l'oxyde de carbone domine par rapport à l'oxygène, il faut ajouter immédiatement un excès d'oxygène a, et l'on a alors, en conservant les mêmes notations que ci-dessus :

$$z = n,$$

$$z = 2m,$$

$$y = \frac{n}{2} + \frac{m'}{3} - a,$$

$$u = V - y - z = V - 3m - \frac{m'}{3} + a.$$

Si l'azote était en très-petite quantité, il faudrait ajouter à la première combustion une grande quantité d'oxygène dans le cas où l'oxyde de carbone serait dominant, et à la seconde combustion, un grand excès d'hydrogène, afin d'avoir, après chacune de ces combustions, un résidu gazeux assez considérable pour que sa mesure se fasse avec précision dans l'appareil. Si l'une ou l'autre de ces combustions paraît faible, il faut introduire du gaz de la pile, et s'assurer si le volume change par une nouvelle explosion.

Mélange d'azote, d'oxygène, d'hydrogène et d'oxyde de carbone.

Il peut se présenter plusieurs cas avec ce mélange, suivant que l'un ou l'autre gaz domine. Nous supposerons d'abord que l'oxygène y existe en quantité plus grande que celle qui est nécessaire pour brûler complétement l'hydrogène et l'oxyde de carbone ; on fera immédiatement la combustion par l'étincelle, si le mélange combustible forme une proportion considérable du gaz inerte ; s'il en était autrement, on ne ferait passer l'étincelle qu'après avoir ajouté du gaz de la pile. Soient m le volume disparu dans cette combustion, x le volume de l'hydrogène ; enfin, conservons pour les autres gaz les mêmes notations que ci-dessus, nous aurons

$$\frac{3}{2}x + \frac{1}{2}z = m.$$

On absorbe l'acide carbonique par la potasse. Soit n le volume du gaz disparu ; on aura

$$z = n.$$

On introduit maintenant un excès d'hydrogène, on fait détoner et l'on observe une nouvelle absorption m' ; d'où

$$y = \frac{m'}{3} + \frac{z}{2} + \frac{x}{2},$$

enfin,

$$u = V - x - y - z.$$

On déduit de là :

$$x = \frac{2m - n}{3},$$

$$y = \frac{m + m' + n}{3},$$

$$z = n,$$

$$u = V - \frac{3m + m' + 3n}{3}.$$

On peut obtenir une vérification de la quantité u, en faisant détoner, avec un excès d'hydrogène, le dernier résidu gazeux qui se compose seulement d'azote et d'oxygène.

Si l'oxygène existe dans le mélange en quantité insuffisante pour brûler complétement l'hydrogène et l'oxyde de carbone, on en ajoute une certaine quantité a, et l'on

R.   6

regarde momentanément le nouveau mélange comme celui qu'il s'agit d'analyser ; les équations du cas précédent s'y appliquent par conséquent, et il suffit, à la fin de l'analyse, de diminuer l'oxygène y, de la quantité a qu'on avait ajoutée.

Enfin, si l'azote était en très-petite proportion, on opérerait de la même manière; il suffirait seulement, avant chaque combustion, d'ajouter un assez grand excès du gaz qui doit la produire, afin que le résidu gazeux fût assez considérable pour être mesuré exactement et facilement dans l'appareil. On peut aussi, dans ce cas, ajouter au mélange primitif une certaine quantité d'air atmosphérique dont on tient compte dans le calcul final.

Mélange d'oxygène et d'hydrogène protocarboné.

Nous supposerons que l'oxygène est en quantité plus que suffisante pour brûler complétement l'hydrogène protocarboné ; si cela n'était pas, on ajouterait une quantité a d'oxygène dont on tiendrait ensuite compte dans le calcul. On fera passer l'étincelle électrique. Soit m l'absorption produite : on détermine ensuite l'absorption n par la potasse.

1 volume d'hydrogène protocarboné consomme 2 volumes d'oxygène et donne 1 volume d'acide carbonique. Soit v le volume d'hydrogène protocarboné ; on aura

$$2v = m,$$
$$v = n.$$

Ces deux relations doivent donner la même valeur de v, si le gaz est de l'hydrogène protocarboné.

Mélange d'hydrogène et d'hydrogène protocarboné.

On ajoutera à ce mélange un grand excès d'oxygène pour que, après la combustion et l'absorption de l'acide carbonique, il reste un volume qui puisse être mesuré exactement dans l'appareil. On fera passer l'étincelle électrique, et l'on notera une absorption m ; puis on absorbera l'acide

(75)

carbonique par la potasse. Désignons toujours l'hydrogène par x, l'hydrogène protocarboné par v, et par n l'acide carbonique formé; nous aurons

$$\frac{3}{2} x + 2 v = m,$$

$$v = n,$$

d'où

$$x = \frac{2 m - 4 n}{3}.$$

et, comme vérification,

$$V = x + v.$$

On obtient une autre vérification en déterminant la quantité a d'oxygène consommée dans la combustion. On a alors

$$\frac{x}{2} + 2 v = a;$$

on en déduit l'équation de condition

$$V + a = m + n,$$

qui existe d'ailleurs pour les hydrogènes carbonés, leurs mélanges avec l'hydrogène, les mélanges d'hydrogène et d'oxyde de carbone, et, par suite, pour tous les mélanges de ces divers gaz.

Mélange d'oxyde de carbone et d'hydrogène protocarboné.

On fait détoner ce mélange avec un grand excès d'oxygène, afin de pouvoir mesurer exactement le dernier résidu gazeux; on observe une diminution de volume m, et, par la potasse, on constate qu'il s'est formé une quantité n d'acide carbonique. Soient toujours z et v les proportions d'oxyde de carbone et d'hydrogène; nous aurons

$$\frac{z}{2} + 2 v = m,$$

$$z + v = n,$$

d'où

$$z = \frac{4n - 2m}{3}, \qquad v = \frac{2m - n}{3},$$

et, comme vérification,

$$V = z + v.$$

Si l'on détermine la quantité a d'oxygène qui a disparu, on a

$$\frac{z}{2} + 2v = a ;$$

on en déduit encore

$$V + a = m + n.$$

On peut aussi ajouter au gaz une certaine quantité k d'air atmosphérique, puis un excès d'oxygène, en évitant de se trouver dans les circonstances où il peut se former des produits nitreux ; mais la première méthode est préférable.

Mélange d'azote, d'oxygène et d'hydrogène protocarboné.

On ajoute au mélange une quantité b d'oxygène afin que ce gaz soit en excès, on fait détoner et l'on note la diminution de volume m ; on détermine par la potasse le volume n de l'acide carbonique produit. On a alors, en conservant les mêmes notations,

$$2v = m,$$
$$v = n,$$
$$V = y + v + u.$$

On détermine ensuite, au moyen d'une combustion avec un excès d'hydrogène, la quantité y' d'oxygène qui se trouve dans le résidu. Si m' représente la diminution de volume qui a lieu par cette combustion, on a

$$y' = \frac{m'}{3}.$$

On a d'ailleurs, pour la quantité a d'oxygène consommée dans la première combustion,

$$2v = u,$$

par suite ,

$$y = a + y' - b = a + \frac{m'}{3} - b.$$

On déduit de là

$$v = \frac{m}{2} = n,$$

$$r = a + \frac{m'}{3} - b,$$

$$u = V + b - a - \frac{m'}{3} - n.$$

Mélange d'azote, d'oxygène, d'hydrogène et d'hydrogène protocarboné.

Ce mélange se présente fréquemment dans les gaz de la respiration ; l'azote est alors très-dominant, l'oxygène est en quantité beaucoup plus grande que celle qui est nécessaire pour brûler complétement les gaz combustibles, mais le mélange n'est pas explosible. On ajoute du gaz de la pile, et l'on observe la diminution de volume m qui en résulte. On détermine ensuite la quantité n d'acide carbonique formé. Ces deux premières opérations donnent

$$\frac{3}{2} x + 2 v = m,$$

$$v = n,$$

d'où

$$x = \frac{2 m - 4 n}{3}.$$

La quantité y' d'oxygène consommée par cette combustion est

$$y' = \frac{x}{2} + 2 v = \frac{m + 4 n}{3}.$$

Après ces opérations, il reste un mélange de y'' d'oxygène et de u d'azote rapportés au volume primitif, que l'on analyse en procédant comme nous l'avons dit (page 42). La quantité totale y d'oxygène contenue dans le mélange est

$$y = y' + y''.$$

Pour plus de sûreté, on détermine directement, par les méthodes d'absorption, sur une autre portion du gaz primitif, la quantité totale y d'oxygène contenue dans le gaz. On obtient ainsi une vérification qui prouve que le mélange combustible est bien formé d'hydrogène et d'hydrogène protocarboné.

Si l'oxygène contenu dans le mélange n'était pas suffisant pour brûler complétement l'hydrogène et l'hydrogène protocarboné, on y ajouterait une certaine quantité a d'oxygène dont on tiendrait compte à la fin de l'expérience, et l'on appliquerait à ce nouveau mélange le procédé que nous venons d'indiquer.

Mélange d'azote, d'oxygène, d'oxyde de carbone, d'hydrogène et d'hydrogène protocarboné.

Nous supposerons encore ici que l'oxygène est en quantité suffisante pour brûler complétement tous les gaz combustibles, car, s'il en était autrement, on ajouterait une quantité suffisante d'oxygène, et l'on considérerait le nouveau mélange comme le gaz primitif.

On fera détoner le mélange dans l'eudiomètre, soit seul, soit après addition de gaz de la pile; on notera l'absorption m, puis on déterminera la quantité n d'acide carbonique produit; on aura alors

$$(1) \qquad \frac{z}{2} + \frac{3x}{2} + 2v = m,$$

$$(2) \qquad z + v = n,$$

$$(3) \qquad y' = \frac{z}{2} + \frac{x}{2} + 2v.$$

Le gaz qui reste après ces opérations se compose seulement d'azote et d'oxygène, dont on détermine les quantités u et y'' que l'on peut regarder dès à présent comme fixées.

Enfin, sur une nouvelle quantité du mélange gazeux primitif, on détermine, par les méthodes d'absorption, la quan-

(79)

tité totale y d'oxygène qui s'y trouve ; on a alors

(4)
$$y' = y - y''.$$

Les équations (1), (2), (3) suffisent alors pour calculer les trois quantités x, z et v qui restent seules inconnues : elles donnent

$$x = m - y', \quad v = y' - \frac{m + n}{3}, \quad z = \frac{m + 4n}{3} - y'.$$

Mélange d'oxygène et d'hydrogène bicarboné.

Si ce mélange ne contient pas d'oxygène en quantité suffisante, on en ajoutera de telle sorte, qu'après l'explosion et l'absorption de l'acide carbonique par la potasse, il reste un résidu d'oxygène assez grand pour pouvoir être mesuré exactement. Il est d'ailleurs nécessaire qu'il se trouve dans le mélange une proportion considérable de gaz inerte, sans quoi le tube eudiométrique pourrait être brisé par la violence de l'explosion. Si la proportion d'hydrogène bicarboné est très-grande, il est préférable de mesurer d'abord dans l'appareil une certaine quantité d'air atmosphérique, d'y introduire ensuite le gaz à analyser, et, si cela est nécessaire, une certaine quantité d'oxygène, mais insuffisante pour brûler complétement le gaz combustible. Après avoir déterminé l'explosion, qui est beaucoup moins vive que si la combustion était complète, on introduit un excès d'oxygène que l'on mesure exactement, et l'on enflamme de nouveau le mélange pour achever la combustion : si cette dernière était faible, il serait prudent de faire passer de nouveau l'étincelle après avoir ajouté du gaz de la pile. Soient m le volume disparu dans ces combustions successives, et n le volume de l'acide carbonique que l'on absorbe par la potasse. 1 volume d'hydrogène bicarboné consommant 3 volumes d'oxygène et produisant 2 volumes d'acide carbonique, on a, en désignant par w le volume de l'hydrogène bicarboné,

$$3w = m,$$
$$2w = n, \quad \text{d'où} \quad m = \tfrac{3}{2} n.$$

Dans la dernière manière d'opérer, on risque moins de faire éclater l'eudiomètre; on évite d'ailleurs facilement la formation des produits nitreux, car elle ne pourrait avoir lieu que dans la seconde combustion, et celle-ci dégage en général peu de chaleur.

Mélange d'hydrogène et d'hydrogène bicarboné.

Pour analyser ce mélange, lorsque l'hydrogène bicarboné y est en petite quantité, il suffit de le mêler à un grand excès d'oxygène, de faire détoner, et de déterminer le volume du gaz disparu par l'étincelle, et celui de l'acide carbonique que dissout la potasse. La seule précaution à prendre, c'est d'ajouter assez d'oxygène pour que le dernier résidu gazeux puisse être mesuré. On a alors

$$\frac{3x}{2} + 2w = m, \qquad \text{d'où} \qquad w = \frac{n}{2}.$$

$$2w = n, \qquad\qquad x = \frac{2}{3}(m - n).$$

Si l'hydrogène bicarboné était en très-forte proportion, il vaudrait mieux opérer la combustion en deux fois, et au milieu de l'air atmosphérique. Dans ce cas, on mesure d'abord une certaine quantité d'air atmosphérique, à laquelle on ajoute le gaz à analyser dont on détermine rigoureusement le volume, puis une quantité d'oxygène telle, qu'avec l'oxygène contenu dans l'air, il n'y ait pas assez de ce gaz pour opérer une combustion complète. On fait passer l'étincelle électrique, puis on ajoute un excès d'oxygène avec un peu de gaz de la pile si on le juge utile, et on enflamme une seconde fois le mélange.

On obtient une vérification de l'analyse en déterminant la quantité d'oxygène qui reste, après ces combustions, dans l'eudiomètre. On connaît alors la quantité totale y d'oxygène consommé, et on doit avoir la relation

$$y = \frac{x}{2} + 3w.$$

Cette vérification est utile dans tous les cas; elle est indispensable lorsqu'on n'est pas certain que le mélange gazeux se compose seulement d'hydrogène et d'hydrogène bicarboné.

Mélange d'oxyde de carbone et d'hydrogène bicarboné.

L'analyse se fera de la même manière que dans le cas précédent, et en prenant des précautions analogues. Les relations qui donnent les proportions des deux gaz sont

$$\frac{z}{2} + 2w = m, \quad \text{d'où} \quad z = 2(n - m),$$

$$z + 2w = n, \qquad w = m - \frac{n}{2}.$$

Si a représente le volume de l'oxygène consommé, on a encore les relations suivantes :

$$z + w = V,$$

$$\frac{z}{2} + 3w = a, \quad \text{d'où} \quad V + a = m + n.$$

Mélange d'hydrogène protocarboné et d'hydrogène bicarboné.

L'analyse se fera comme dans les cas précédents. On aura les relations

$$2v + 2w = m, \quad \text{d'où} \quad v = 2(n - m),$$

$$v + 2w = n, \qquad w = \frac{2m - n}{2},$$

auxquelles il faut ajouter les relations suivantes, desquelles on déduit des vérifications,

$$v + w = V,$$

$$2v + 3w = a,$$

qui donnent encore

$$V + a = m + n.$$

Mélange d'hydrogène, d'hydrogène protocarboné et d'hydrogène bicarboné.

L'analyse se fait comme dans le cas précédent, mais il est nécessaire de déterminer le volume a de l'oxygène consommé dans les combustions; on a alors

$$\frac{3x}{2} + 2v + 2w = m, \quad \text{d'où} \quad x = 2\,(m + 2n - 2a),$$

$$v + 2w = n, \qquad v = 6a - 7n - 2m,$$

$$\frac{x}{2} + 2v + 3w = a, \qquad w = m + 4n - 3a.$$

Il ne reste qu'une seule vérification donnée par la relation

$$V = x + v + w,$$

mais qui se réduit à l'équation de condition

$$V + a = m + n.$$

Mélange d'oxygène, d'hydrogène protocarboné et d'hydrogène bicarboné.

L'analyse se fera comme dans les cas précédents; on aura

$$2v + 2w = m, \quad \text{d'où} \quad v = m - n,$$

$$v + 2w = n, \qquad w = \frac{2n - m}{2},$$

$$y + v + w = V, \qquad y = V - \frac{m}{2}.$$

On obtiendra une vérification en déterminant la portion a de l'oxygène ajouté qui a servi à la combustion; ce qui donnera la relation

$$2v + 3w = a + y,$$

mais celle-ci conduit à l'équation de condition

$$V + a = m + n.$$

Mélange d'azote, d'hydrogène protocarboné et d'hydrogène bicarboné.

L'analyse se fera comme dans les cas précédents ; on aura les relations

$$2v + 2w = m, \quad \text{d'où} \quad v = m - n,$$

$$v + 2w = n, \qquad w = \frac{2n - m}{2},$$

$$u + v + w = V, \qquad u = V - \frac{m}{2},$$

avec une vérification donnée par la relation

$$2v + 3w = a,$$

qui se réduit à

$$V + a = m + n + u.$$

Mélange d'azote, d'oxygène, d'hydrogène protocarboné et d'hydrogène bicarboné.

L'analyse se fera de la même manière, en ayant soin de déterminer, à la fin de l'expérience, la portion a de l'oxygène ajouté qui a disparu dans les combustions ; les relations sont les suivantes :

$$2v + 2w = m, \quad \text{d'où} \quad v = m - n,$$

$$v + 2w = n, \qquad w = \frac{2n - m}{2}.$$

$$2v + 3w - y = a, \qquad y = \frac{1}{2}m + n - a,$$

$$y + u + v + w = V, \qquad u = V + a - m - n.$$

L'analyse eudiométrique ne fournit pas de vérification, mais on peut déterminer directement la quantité y par les méthodes d'absorption.

Mélange d'oxygène, d'hydrogène, d'hydrogène protocarboné et d'hydrogène bicarboné.

L'analyse se fait encore comme dans les cas précédents.

et on a les relations

$$(1) \qquad \frac{3x}{2} + 2v + 2w = m,$$

$$(2) \qquad v + 2w = n,$$

$$(3) \qquad \frac{x}{2} + 2v + 3w - y = a,$$

$$(4) \qquad x + y + v + w = V.$$

Ces quatre relations ne suffisent pas pour déterminer les quatre inconnues; il est facile de voir, en effet, que l'une d'entre elles est une conséquence des trois autres, à cause d'une relation particulière introduite par les données du problème. En effet, si l'on ajoute (3) et (4), on a

$$\frac{3x}{2} + 3v + 4w = V + a,$$

qui devient, à cause de (2),

$$\frac{3}{2}x + 2v + 2w = V + a - n.$$

On a donc, par suite de la composition chimique des gaz mélangés, l'équation de condition

$$V + a - n = m, \quad \text{ou} \quad V + a = m + n,$$

qui fait rentrer l'équation (1) dans les trois autres.

Pour résoudre la question, il faut déterminer directement la quantité y d'oxygène par les méthodes d'absorption; on a alors, pour déterminer les trois autres inconnues,

$$\frac{3x}{2} + 2v + 2w = m, \qquad \text{d'où} \quad x = 2(m + 2n - 2a - 2y),$$

$$v + 2w = n, \qquad\qquad v = 6a + 6y - 7n - 2m,$$

$$\frac{x}{2} + 2v + 3w = a + y, \qquad w = m + 4n - 3a - 3y.$$

Mélange d'oxygène, d'oxyde de carbone, d'hydrogène protocarboné et d'hydrogène bicarboné.

L'analyse se fait comme dans les cas précédents; on en

déduit les relations

$$\frac{z}{2} + 2v + 2w = m,$$

$$z + v + 2w = n,$$

$$\frac{z}{2} + 2v + 3w - y = a,$$

$$z + y + v + w = V.$$

Ces quatre équations ne suffisent pas pour déterminer les inconnues, parce qu'elles sont liées entre elles par la condition

$$V + a = m + n.$$

Il faut déterminer directement la quantité y d'oxygène par les méthodes d'absorption.

On a alors :

$$w = a + y - m,$$

$$z = \frac{2}{3}(2n + m - 2a - 2y),$$

$$v = \frac{1}{3}(4m - n - 2a - 2y).$$

Mélange d'oxygène, d'azote, d'oxyde de carbone, d'hydrogène protocarboné et d'hydrogène bicarboné.

Les opérations analytiques ayant été conduites comme dans les cas précédents, l'oxygène $y = b$ ayant été déterminé directement par les méthodes d'absorption, enfin la quantité totale a' d'oxygène consommé dans les combustions ayant été fixée également, on a les relations

$$\frac{z}{2} + 2v + 2w = m, \quad \text{d'où} \quad y = b,$$

$$z + v + 2w = n, \qquad z = \frac{2}{3}(m + 2n - 2a')$$

$$\frac{z}{2} + 2v + 3w = a', \qquad v = \frac{1}{3}(4m - n - 2a'),$$

$$z + y + u + v + w = V, \qquad w = a' - m.$$

$$u = (V - b) + a' - (m + n),$$

L'analyse eudiométrique ne fournit pas de vérification.

Mélange d'oxygène, d'hydrogène, d'oxyde de carbone, d'hydrogène protocarboné et d'hydrogène bicarboné.

L'analyse ayant été faite comme précédemment, l'oxygène $y = b$ ayant été dosé par les réactifs absorbants, enfin la quantité totale a' de l'oxygène consommé ayant été déterminée également, on a les relations

$$\frac{3x}{2} + \frac{z}{2} + 2v + 2w = m,$$

$$z + v + 2w = n,$$

$$\frac{x}{2} + \frac{z}{2} + 2v + 3w = a',$$

$$x + z + v + w = V - b.$$

Ces quatre équations ne suffisent pas pour déterminer les quatre inconnues x, z, v et w, parce que les constantes sont liées entre elles par la relation

$$m + n = (V - b) + a',$$

qui réduit ces équations à trois réellement distinctes. Il faut donc chercher expérimentalement une nouvelle relation entre les inconnues. On en obtiendrait une en déterminant exactement la pesanteur spécifique D du mélange. En désignant par d_x, d_y, d_z, d_v, d_w les densités respectives de l'hydrogène, de l'oxygène, de l'oxyde de carbone, de l'hydrogène protocarboné et de l'hydrogène bicarboné, on a la relation

$$D = x d_x + y d_y + z d_z + v d_v + w d_w.$$

Cette nouvelle équation, ajoutée aux quatre premières, rend le problème *algébriquement* déterminé.

On peut aussi brûler une quantité déterminée du mélange gazeux par l'oxyde de cuivre et peser l'eau formée, en employant la disposition d'appareil que l'un de nous a indiquée (*Cours élémentaire de Chimie,* par M. V. Regnault, 2ᵉ édit., tome IV, § 1214). Soient p le poids de l'eau obtenue.

W le volume du gaz que l'on a brûlé par l'oxyde de cuivre, t et H sa température et sa pression au moment où on l'a mesuré; le poids du gaz brûlé est

$$\mathrm{W}.0,001293.\mathrm{D}\cdot\frac{1}{1+0,00367\,t}\cdot\frac{\mathrm{H}}{760},$$

et le rapport du poids de l'eau formée au poids du gaz brûlé sera

$$\frac{p}{\mathrm{W}.0,001293.\mathrm{D}\cdot\dfrac{1}{1+0,00367\,t}\cdot\dfrac{\mathrm{H}}{360}}.$$

Soient, d'un autre côté, U le volume constant auquel on a ramené le gaz dans l'analyse eudiométrique, θ la température également constante de l'eau du manchon, la force élastique du gaz primitif étant V, on a, pour le poids de ce gaz,

$$\mathrm{U}.0,001293.\mathrm{D}\cdot\frac{1}{1+0,00367\,\theta}\cdot\frac{\mathrm{V}}{760}.$$

Si π désigne le poids de l'eau que ce gaz donnerait par sa combustion complète, on aurait, pour le rapport entre ce poids et celui du gaz,

$$\frac{\pi}{\mathrm{U}.0,001293.\mathrm{D}\cdot\dfrac{1}{1+0,00367\,\theta}\cdot\dfrac{\mathrm{V}}{760}},$$

on a donc

$$\frac{p}{\mathrm{W}.0,001293.\mathrm{D}\cdot\dfrac{1}{1+0,00367\,t}\cdot\dfrac{\mathrm{H}}{760}}=\frac{\pi}{\mathrm{U}.0,001293.\mathrm{D}\cdot\dfrac{1}{1+0,00367\,\theta}\cdot\dfrac{\mathrm{V}}{760}},$$

ou simplement

$$\frac{p}{\mathrm{W}\cdot\dfrac{1}{1+0,00367\,t}\cdot\mathrm{H}}=\frac{\pi}{\mathrm{U}\cdot\dfrac{1}{1+0,00367\,\theta}\cdot\mathrm{V}},$$

d'où

$$\pi=p\cdot\frac{\mathrm{U}}{\mathrm{W}}\cdot\frac{1+0,00367\,t}{1+0,00367\,\theta}\cdot\frac{\mathrm{V}}{\mathrm{H}}.$$

Or le poids de cette eau est également exprimé par

$$U.0,001293.0,622 \cdot \frac{1}{1+0,00367\,\theta} \cdot \frac{\frac{3x}{2}+v+w}{760},$$

on a donc

$$\frac{3x}{2}+v+w = \frac{\pi.760\,(1+0,00367\,\theta)}{U.0,001293.0,622}.$$

C'est la nouvelle relation que l'on peut introduire dans le calcul.

Mélange d'oxygène, d'azote, d'hydrogène, d'oxyde de carbone, d'hydrogène protocarboné et d'hydrogène bicarboné.

C'est le mélange le plus compliqué que nous ayons à considérer. L'analyse eudiométrique s'en fera ainsi que nous l'avons dit pour les cas précédents ; on déterminera directement la quantité $y = b$ d'oxygène par les moyens absorbants ; enfin, on fera la combustion d'une certaine quantité de gaz par l'oxyde de cuivre pour déterminer le poids de l'eau formée. On peut recueillir également et doser l'acide carbonique qui se produit dans cette combustion ; cela ne fournit pas une nouvelle relation, mais seulement une vérification de la quantité d'acide carbonique n trouvée dans l'analyse eudiométrique. Les relations dont on dispose maintenant sont les suivantes :

$$y = b,$$

$$\frac{3x}{2}+\frac{z}{2}+2v+2w = m,$$

$$z+v+2w = n,$$

$$\frac{x}{2}+\frac{z}{2}+2v+3w = a',$$

$$x+z+u+v+w = V-b,$$

$$\frac{3x}{2}+v+w = \frac{\pi.760\,(1+0,00367\,\theta)}{U.0,001293.0,622} = A,$$

auxquelles on peut ajouter, si l'on a déterminé la densité D du mélange gazeux, la relation

$$x\,d_x + y\,d_y + z\,d_z + u\,d_u + v\,d_v + w\,d_w = D.$$

Le problème est ainsi *algébriquement* déterminé. Si chacune des déterminations numériques était faite avec une *précision mathématique*, les valeurs des inconnues déduites par le calcul seraient *rigoureuses*. Mais, quelque soin que l'on apporte dans les opérations, chacune de ces déterminations comporte une petite erreur. Or il est facile de s'assurer qu'en faisant varier d'une très-petite quantité chacune des données expérimentales b, m, n, a', V, A et D, les valeurs des inconnues varient *souvent* de quantités beaucoup plus grandes ; et, en faisant certaines hypothèses, *convenablement choisies*, sur la composition du mélange gazeux, on reconnaît qu'en appliquant aux formules des données numériques très-peu différentes, la composition calculée du mélange gazeux varie souvent entre des limites très-étendues. Cette observation s'applique particulièrement à la relation que donne la densité du mélange gazeux, parce que celui-ci se compose de gaz dont les densités individuelles ne sont, en général, que peu différentes. Aussi, convient-il de n'employer cette relation qu'avec beaucoup de circonspection.

Nous avons supposé, dans ce qui précède, que l'on connaissait la nature des gaz élémentaires qui composent le mélange ; la question devient beaucoup plus difficile quand on ne possède pas cette connaissance. Le plus souvent, ce n'est que par l'analyse elle-même que l'on peut y parvenir ; il faut alors y apporter le plus grand soin, la répéter plusieurs fois, et s'assurer si les équations de condition qui existent souvent entre les données expérimentales, et que nous avons rapportées dans chaque cas, sont satisfaites. Si les données expérimentales étaient *mathématiquement exactes*, on pourrait leur appliquer immédiatement les formules qui conviennent au mélange le plus complexe ;

R.   7

le calcul donnerait des valeurs nulles pour les gaz qui
n'existent pas dans le mélange. Mais, comme ces données
comportent de petites erreurs, on trouvera ordinairement
de petites valeurs pour ces gaz qui n'existent pas. L'expé-
rimentateur devra alors discuter avec beaucoup de soin ces
petites valeurs, et surtout les équations de condition qui
existent souvent entre les données numériques, afin de reconnaître si les équations ne seraient pas rigoureusement
satisfaites par les données expérimentales, après avoir altéré
celles-ci de quantités égales aux limites des erreurs que
chacune d'elles comporte. C'est aussi le cas de ne négliger
aucun des moyens d'analyse par absorption que nous avons
indiqués, page 60, en discutant toutefois les erreurs que
chacun d'eux a pu produire sur le résidu gazeux, par l'action dissolvante que les réactifs exercent sur les gaz qui
composent ce résidu. Enfin, si l'on a de grandes quantités
de gaz à sa disposition, on peut, en le soumettant à des
réactions chimiques convenablement choisies, obtenir
quelque lumière sur la nature des gaz composants.

ANALYSE DE L'ATMOSPHÈRE GAZEUSE QUI REMPLIT NOTRE
CLOCHE A LA FIN D'UNE EXPÉRIENCE SUR LA RESPIRATION.

Le gaz qui reste dans notre appareil à la fin d'une expérience sur la respiration, se compose d'acide carbonique,
d'oxygène, d'azote et souvent d'une petite quantité de gaz
combustible donnant, par combustion, de l'eau et de l'a-
cide carbonique. Quelquefois, ce gaz combustible est de
l'hydrogène pur, et alors il ne peut y avoir de doute sur sa
nature ; mais, le plus souvent, il donne, à la fois, par sa
combustion avec l'oxygène, de l'eau et de l'acide carbonique. D'après ce caractère seul, le gaz pourrait être, ou
de l'hydrogène protocarboné, ou de l'hydrogène bicarboné,
ou un mélange de l'un ou l'autre de ces gaz avec l'hydrogène, ou un mélange d'hydrogène et d'oxyde de carbone,
ou, enfin, des mélanges plus complexes de ces divers gaz.
Si le gaz combustible se trouvait en proportion considé-

rable dans le mélange, les résultats mêmes de l'analyse dé-
cideraient la question; mais il s'y trouve ordinairement en
quantité très-faible, et alors les petites erreurs inévitables
de l'analyse influent notablement sur les équations de condition.

Nous avons admis que le gaz combustible était formé
par des mélanges variables d'hydrogène et d'hydrogène
protocarboné, dans lesquels l'un ou l'autre de ces gaz est
quelquefois en quantité inappréciable; les raisons en sont
les suivantes :

1°. Nous avons trouvé fréquemment du gaz hydrogène
pur; et, le plus souvent, l'hydrogène est en quantité plus
grande que celle qui constituerait avec le carbone de l'hydrogène protocarboné. Il n'est donc pas douteux que l'animal ne dégage souvent de l'hydrogène libre. Ce fait est
clairement démontré par l'expérience 35, et par cette circonstance, que plusieurs expérimentateurs ont trouvé des
proportions notables d'hydrogène dans les gaz intestinaux
(page 131).

2°. Le gaz combustible n'a jamais donné, par sa combustion, d'acide carbonique sans qu'il y eût en même temps
formation d'eau; il ne se compose donc jamais d'oxyde de
carbone pur.

3°. On n'a jamais constaté jusqu'ici la présence de l'hydrogène bicarboné dans les gaz dégagés par les matières
végétales et animales en décomposition, tandis que l'hydrogène protocarboné s'y produit constamment en grande
quantité : exemple, le gaz des marais.

4°. Enfin, dans toutes les expériences où les proportions
d'hydrogène et d'hydrogène protocarboné ont été, toutes
deux, un peu notables, le volume disparu par la combustion, celui de l'acide carbonique formé, et le volume de
l'oxygène consommé par cette combustion, ont été, à très-
peu près, dans les rapports qui conviennent à un mélange
d'hydrogène et d'hydrogène protocarboné.

L'analyse du gaz qui restait dans notre appareil, après la respiration d'un animal dans de l'air normal, se faisait donc de la manière suivante :

On opérait d'abord l'absorption de l'acide carbonique comme nous l'avons dit (page 41); puis on ajoutait au gaz restant une certaine quantité de gaz de la pile, et on faisait détoner. On mesurait l'absorption, et on déterminait la quantité d'acide carbonique formé ; enfin, on ajoutait un excès d'hydrogène et on déterminait, par combustion, ce qui restait d'oxygène.

Le lecteur se fera facilement une idée, d'après ce que nous avons dit (pages 65 et 69), des modifications qu'il fallait apporter à ce procédé quand la respiration avait eu lieu dans une atmosphère beaucoup plus riche en oxygène que notre atmosphère terrestre, ou dans une atmosphère composée d'oxygène et d'hydrogène.

EXPÉRIENCES PRÉLIMINAIRES.

La disposition de l'appareil que nous avons décrit (p. 14 et suivantes) nous paraissait très-propre à décider si, dans la perspiration des animaux, il y avait dégagement ou absorption d'azote. Si l'azote restait constant, ou ne subissait que de faibles variations par le séjour de l'animal, l'appareil nous permettait également d'étudier, avec précision, les diverses circonstances de la respiration dans l'air normal. Il faudrait, au contraire, le modifier notablement, si le dégagement ou l'absorption d'azote était considérable. Avant de faire construire l'appareil définitif qui devait occasionner une assez grande dépense, nous avons jugé nécessaire de faire quelques expériences préliminaires, sous le point de vue unique du dégagement ou de l'absorption d'azote.

Nous avons d'abord opéré sur de petits animaux, tels que souris, cochons d'Inde, petits oiseaux. Ces animaux étaient enfermés dans une cage que l'on suspendait dans l'intérieur d'une cloche tubulée, de 15 à 20 litres de capacité, dont l'ouverture inférieure était mastiquée sur un obturateur, et dont la tubulure supérieure portait une monture métallique qui permettait d'établir une communication entre l'intérieur de la cloche, les pipettes à oxygène et un petit manomètre à mercure. Sur le fond de la cloche était placée une large cuvette renfermant une dissolution de potasse caustique destinée à absorber l'acide carbonique.

Une circonstance particulière s'est présentée dans ces expériences. Les animaux paraissaient très-souffrants au bout de vingt-quatre heures, et ils s'asphyxiaient complétement si l'expérience durait plus longtemps. Nous en avions d'abord conclu qu'il y avait un dégagement considérable d'azote; mais, ayant soumis le gaz à l'analyse, nous avons trouvé qu'il renfermait de grandes quantités d'hydrogène. Nous ne tardâmes pas à reconnaître que le dégagement d'hydrogène était produit par la réaction de la dissolution alcaline sur le vase en tôle zinguée qui la contenait et qu'il ne provenait pas de la respiration. L'analyse du gaz nous démontra, d'ailleurs, que l'azote n'avait subi que de très-faibles variations.

Lorsque notre grand appareil fut construit, à l'exception de la petite machine destinée à donner le mouvement aux pipettes à potasse, nous fîmes de nouvelles expériences pour décider définitivement la question du dégagement ou de l'absorption de l'azote.

L'appareil était disposé exactement comme le représente la Planche III ; l'absorption de l'acide carbonique, au lieu de se faire par les pipettes C, C', s'effectuait par de la potasse placée dans une cage cylindrique en fils de fer, à trois enveloppes concentriques, et que l'on disposait dans la cloche avant de mastiquer celle-ci sur sa monture DD'. L'intervalle compris entre les deux enveloppes extérieures était rempli de fragments de pierre ponce imbibée d'une dissolution de potasse, et de potasse caustique en morceaux. L'enveloppe intérieure empêchait l'animal de toucher à la dissolution alcaline.

Cette disposition était très-vicieuse ; l'acide carbonique provenant de la respiration s'absorbait rapidement au commencement de l'expérience ; mais, vers la fin, l'absorption se ralentissait beaucoup, et l'animal se trouvait dans un air de plus en plus vicié.

Ces expériences ne peuvent donc pas être considérées comme se rapportant à la respiration normale ; nous avons cependant jugé convenable de les consigner ici, parce qu'elles décidaient, pour nous, la question préliminaire que nous nous proposions de résoudre. Elles présentent, d'ailleurs, plusieurs particularités dignes d'intérêt.

1re *Expérience.*

Poule de cinq ans, pesant 1 725 grammes avant l'expérience. On lui donne dans la cloche du grain et de l'eau. L'animal reste 64^{h}30^m dans la cloche ; il ne paraît aucunement gêné et consomme la presque totalité de son grain et de son eau. Quelques heures après l'introduction dans la cloche, la poule pond un œuf, qu'elle brise après quelques instants et mange en totalité (intérieur et coquille).

La température de l'eau du manchon était d'environ 16 degrés pendant la durée de l'expérience.

La quantité totale d'oxygène consommé s'élève à 147^{gr},13.

Le gaz de la cloche, à la fin de l'expérience, a présenté la composition suivante :

Acide carbonique........	3,68
Hydrogène........	1,66
Hydrogène protocarboné.	0,62
Oxygène	11,08
Azote	82,96
	100,00

Il y a donc de l'azote exhalé, et sa proportion s'élève à 0,0125 de l'oxygène consommé.

2ᵉ Expérience.

Canard mâle de deux ans, pesant 1493 grammes, très-farouche; il n'a pas touché à la nourriture et à l'eau qu'on lui avait mises dans la cloche. L'expérience a duré quarante-huit heures, pendant lesquelles l'animal n'a pas paru éprouver de gêne dans sa respiration. La température de l'eau du manchon est restée à peu près à 16 degrés. L'oxygène consommé pesait 154 grammes.

Composition du gaz à la fin de l'expérience.

Acide carbonique.	7,32
Hydrogène	0,13
Hydrogène carboné	traces.
Oxygène.	11,86
Azote.	80,69
	100,00

L'azote exhalé est les 0,0084 du poids de l'oxygène consommé.

3ᵉ Expérience.

Trois pigeons pesant ensemble 1172 grammes. On les place dans la cloche avec du grain et de l'eau. L'expérience dure soixante-seize heures; les animaux ne paraissent aucunement souffrants, pas même à la fin. Ils consomment 154ᵍʳ,15 d'oxygène. La température de l'eau du manchon a varié de 14 à 15 degrés.

Composition du gaz à la fin de l'expérience.

Acide carbonique	7,06
Hydrogène	0,06
Oxygène.	12,00
Azote.	80,88
	100,00

L'azote exhalé est les 0,0045 du poids de l'oxygène consommé.

4ᵉ Expérience.

Lapin pesant 3183 grammes. On a placé dans la cloche des carottes, qui ont été mangées pendant l'expérience; celle-ci a duré quarante-neuf heures; l'animal ne paraissait pas souffrir, même à la fin. La température de l'eau du manchon était d'environ 17 degrés. L'oxygène consommé pèse 123ᵍʳ,47.

(96)

Composition du gaz à la fin de l'expérience.

Acide carbonique	4,90
Hydrogène	1,80
Hydrogène carboné	0,36
Oxygène.	11,25
Azote	81,69
	100,00

L'azote exhalé est les 0,0107 du poids de l'oxygène consommé.

5ᵉ *Expérience.*

Chat mâle de cinq à six ans. L'animal reste $46^h 15^m$ dans la cloche; il est très-farouche et ne touche pas à la viande qu'on a mise à sa disposition. L'expérience ne présente rien de particulier; l'animal ne manifeste aucun malaise. La température de l'eau du manchon est d'environ 18 degrés. Le poids de l'oxygène consommé est de $144^{gr},86$.

Composition du gaz à la fin de l'expérience.

Acide carbonique.......	1,22
Hydrogène...........	1,26
Oxygène	15,09
Azote	82,43
	100,00

L'azote dégagé est les 0,0131 du poids de l'oxygène consommé.

6ᵉ *Expérience.*

Lapin mâle de un an, pesant 3 746 grammes. Carottes pour nourriture. L'animal paraît oppressé la dernière heure de l'expérience; il reste cinquante-huit heures dans la cloche. La température de l'eau du manchon est maintenue entre 12 et 13 degrés. Poids de l'oxygène consommé, $123^{gr},61$.

Composition du gaz à la fin de l'expérience.

Acide carbonique......	9,35
Hydrogène...........	0,12
Oxygène............	9,56
Azote....	80,97
	100,00

L'azote exhalé est les 0,0084 du poids de l'oxygène consommé.

7e *Expérience.*

Chien mâle de trois ans, pesant 6 213 grammes. Avant de l'introduire dans la cloche, on lui a donné, à discrétion, une pâtée de viande cuite et de pain dont il a mangé une grande quantité; on ne lui a mis dans la cloche que de l'eau, dont il a bu à plusieurs reprises. L'animal est resté dans l'appareil 13^h 15^m; à partir de la dixième heure, il a commencé à respirer difficilement; il a fait de grands efforts pour sortir de l'appareil, et il était presque agonisant au moment où on l'a retiré. Il s'est remis promptement aussitôt qu'il est arrivé à l'air, et, une demi-heure après, il était aussi vif qu'à l'ordinaire.

La température de l'eau du manchon a été maintenue entre 14 et 16 degrés. Le poids de l'oxygène consommé a été de 121^{gr},45.

Composition du gaz à la fin de l'expérience.

Acide carbonique.	9,79
Hydrogène.	3,01
Hydrogène carboné.	traces.
Oxygène.	4,44
Azote.	82,76
	100,00

L'azote exhalé est les 0,0127 du poids de l'oxygène.

L'air de la cloche ne renfermait plus, à la fin de l'expérience, que 4,5 d'oxygène; il n'est donc pas étonnant que l'animal soit arrivé à un état voisin de l'asphyxie.

Les sept expériences qui précèdent ont été faites dans des conditions qui sont loin d'être normales, car l'acide carbonique s'accumulait de plus en plus dans la cloche, et, vers la fin de l'expérience, l'oxygène ne se trouvait plus qu'en très-petite proportion. Cela tient à ce que la potasse caustique qui condensait d'abord efficacement l'acide carbonique, ne l'absorbait plus que très-lentement vers la fin, lorsqu'elle se trouvait mêlée d'une grande quantité de carbonate recouvrant la surface des fragments de potasse et de pierre ponce alcaline. Mais on peut admettre que cet inconvénient ne s'est présenté que vers la fin de l'expérience, car c'est alors seulement que les animaux ont paru oppressés.

Ces expériences démontrent, dans tous les cas, qu'il y a dégagement d'azote pendant la perspiration des animaux, mais que la proportion de ce gaz exhalé est tellement petite, que, si l'on absorbait efficacement l'acide carbonique, on pourrait admettre que la respiration a lieu dans un air très-peu différent de l'air normal, surtout si l'on a soin de maintenir dans la cloche un léger excès de pression.

Nous avons dit, dans l'historique qui commence ce Mémoire, qu'Edwards avait trouvé que les oiseaux, qui dégageaient de l'azote pendant le printemps et l'été, en absorbaient, au contraire, une quantité considérable pendant l'hiver. Nous avons voulu vérifier ce fait remarquable, et, à cet effet, nous avons exécuté, pendant les mois de janvier et de février 1845, les expériences que nous allons relater.

L'appareil était disposé comme dans les expériences que nous venons de décrire; mais, pour que les animaux séjournassent dans un espace très-froid, nous avons maintenu le manchon constamment rempli de glace fondante, en faisant écouler fréquemment, à l'aide d'un siphon, l'eau produite par la fusion de la glace. De temps en temps, on écartait la glace sur un côté de la cloche pour reconnaître l'état apparent de l'animal.

8ᵉ *Expérience.*

Poule de cinq ans (la même que dans l'expérience 1), pesant 1750 grammes; on lui met dans la cloche du grain et de l'eau qu'elle consomme en partie. Vers la fin de l'expérience, l'animal paraît oppressé, il ouvre le bec pour respirer plus abondamment. La durée de l'expérience est de quarante-six heures; le poids de l'oxygène consommé est de 121^{gr},84.

Composition du gaz à la fin de l'expérience.

Acide carbonique........	9,00
Hydrogène carboné	0,20
Oxygène.............	11,30
Azote	79,50
	100,00

L'azote exhalé n'est que les 0,0021 du poids de l'oxygène consommé.

Si l'on compare entre elles les expériences 1 et 8 qui ont été faites sur le même animal, on voit que, dans la première, la poule a consommé 2^{gr},28 d'oxygène par heure, et que, dans la seconde, elle en a consommé 2^{gr},65 dans le même temps.

On trouve ici une confirmation de ce fait, annoncé déjà par plusieurs observateurs, que la respiration est d'autant plus abondante que la température du milieu ambiant est plus basse.

9ᵉ *Expérience.*

Canard mâle, pesant 1 663^{gr},5 (ce n'est pas le même que celui de l'expérience 2); on ne lui donne dans la cloche ni boisson, ni aliments, parce qu'on sait qu'il n'y toucherait pas; mais on lui a donné une nourriture abondante avant de l'introduire dans l'appareil. L'expérience dure soixante-dix heures; l'animal ne paraît mal à son aise que pendant les dernières heures; il n'éprouve d'ailleurs aucun effet fâcheux de son séjour dans la cloche. Le poids de l'oxygène consommé est de 143^{gr},43.

Composition du gaz à la fin de l'expérience.

Acide carbonique........	10,15
Hydrogène...........	traces.
Oxygène.............	10,63
Azote.	79,22
	100,00

L'azote exhalé n'est que les 0,0008 du poids de l'oxygène consommé.

10.ᵉ *Expérience.*

Lapin mâle, pesant 3742 grammes; on lui donne dans la cloche des carottes, qu'il mange presque entièrement. L'expérience dure vingt-cinq heures; à partir de la vingtième heure, l'animal devient haletant; sa respiration est très-gênée à la fin. Poids de l'oxygène consommé = 96^{gr},95.

Composition du gaz à la fin de l'expérience.

Acide carbonique........	14,72
Hydrogène............	0,00
Oxygène.............	6,44
Azote...............	78,84
	100,00

Nous trouvons ici une légère absorption d'azote; mais elle est extrêmement petite, car elle s'élève, à peine, à 0,0008 du poids de l'oxygène consommé.

11.ᵉ *Expérience.*

Lapin femelle, pesant 3949 grammes; on lui met dans la cloche deux grosses carottes; elles sont mangées entièrement. L'expérience dure vingt et une heures; l'animal ne paraît pas souffrant, même dans les dernières heures. Le poids de l'oxygène consommé est de 92^{gr},97.

Composition du gaz à la fin de l'expérience.

Acide carbonique........	10,04
Hydrogène.......... ..	0,15
Hydrogène carboné.... .	traces.
Oxygène............	9,76
Azote................	80,05
	100,00

L'azote exhalé est les 0,0059 du poids de l'oxygène consommé.

12.ᵉ *Expérience.*

Chien mâle de trois ans et demi (le même que dans l'expérience 7), pesant 6400 grammes; on ne lui met pas d'aliments dans la cloche, mais on lui a donné une forte ration de viande et de pain avant de l'y introduire. L'expérience dure 12^{h}10^m ; l'animal ne commence à paraître souffrant que deux heures avant la fin : il est très-oppressé au moment où on le sort de l'appareil ; mais son malaise disparaît promptement à l'air libre. Le poids de l'oxygène consommé est de 98^{gr},21.

Composition du gaz à la fin de l'expérience.

Acide carbonique........	12,82
Hydrogène.....	0,53
Hydrogène carboné....	traces.
Oxygène...............	5,16
Azote..	81,49
	100,00

L'azote exhalé forme les 0,0133 du poids de l'oxygène consommé.

Si l'on compare les résultats de cette expérience avec ceux de l'expérience 7, qui a été faite sur le même animal, on voit que dans l'expérience 7, où l'eau environnant la cloche était à 15 degrés, le chien a consommé 9^{gr},16 d'oxygène par heure ; tandis que dans l'expérience 12, où le manchon était rempli de glace fondante, il n'en a consommé que 8^{gr},06.

Ainsi, sa respiration a été moins abondante dans l'espace le plus froid. On ne peut cependant rien en conclure, parce que l'activité de la respiration varie beaucoup pour le même individu, surtout avec le mouvement qu'il se donne ; et nous avons remarqué que l'animal s'est beaucoup plus agité dans la première expérience que dans les suivantes.

Les expériences que nous venons de rapporter ne confirment pas le fait avancé par Edwards, à savoir, que les oiseaux absorbent une quantité notable d'azote pendant l'hiver. La poule et le canard ont, au contraire, dégagé de l'azote pendant les expériences que nous avons faites en janvier et février, bien que l'enceinte dans laquelle ils se trouvaient fût maintenue à la température de la glace fondante ; circonstance que nous regardions comme favorable à l'absorption de l'azote, si l'observation d'Edwards était exacte. Il convient cependant de remarquer que dans les deux expériences faites sur ces oiseaux, le dégagement de l'azote a été beaucoup plus faible que celui que nous avons constaté sur les mêmes animaux dans une autre saison, et lorsque la cloche était maintenue à une température de 14 à 16 degrés.

Dans l'expérience 10, faite sur un lapin, nous avons reconnu une faible absorption d'azote; mais elle est tellement petite, qu'il est difficile d'en répondre.

Nous avons fait également quelques expériences préliminaires sur la respiration des animaux dans une atmosphère beaucoup plus riche en oxygène que l'air atmosphérique ordinaire, afin de reconnaître si la composition de l'air exerçait une influence notable sur le dégagement ou l'absorption de l'azote.

L'appareil était disposé comme dans les expériences précédentes. L'animal était placé dans la cloche, et l'obturateur *ef* était adapté sur l'ouverture inférieure *ab*, *fig.* 2, mais sans que les boulons fussent serrés. On introduisait dans la cloche, par la tubulure *v'r*, du gaz oxygène qui chassait une partie de l'air à travers les interstices laissés entre l'ouverture *ab* et son couvercle. Lorsqu'on avait fait passer ainsi environ 50 à 80 litres de gaz oxygène, on serrait les boulons pour fermer hermétiquement la cloche, et l'on continuait l'introduction de l'oxygène jusqu'à ce que le manomètre indiquât un excès de pression de 3 à 4 centimètres. On fermait alors le robinet *r*, on mettait le tube *v'r* en communication avec le flacon M et avec l'une des pipettes à oxygène A, et l'on attendait le moment où, par l'effet de la respiration de l'animal, le gaz intérieur s'était mis en équilibre avec l'atmosphère extérieure. On faisait alors une prise de gaz dans l'appareil manométrique *a'b'c'd'*; l'analyse de ce gaz donnait la composition de l'air primitif dans lequel s'effectuait la perspiration de l'animal. On ouvrait le robinet *r*, et l'on continuait l'expérience comme à l'ordinaire.

Nous n'avons jamais remarqué que les animaux éprou-
vassent le moindre malaise dans ces atmosphères très-riches
en oxygène ; leur respiration ne paraissait aucunement
gênée, même à la fin. L'atmosphère de la cloche renfermait, en effet, à la fin de l'expérience, plus d'oxygène
que n'en contient l'air ordinaire ; et la grande quantité
d'acide carbonique qui s'y accumulait ne paraissait pas
produire d'effets fâcheux. Les animaux sortis de l'appareil
ont continué à se bien porter, et sont rentrés entièrement
dans leurs conditions normales.

13e Expérience.

Poule pesant 2 187 grammes (la même que dans les expériences 1 et 8) ; on lui a donné beaucoup de nourriture avant
de l'introduire dans l'appareil. On lui a mis dans la cloche de
l'orge et de l'eau qu'elle a consommées en grande partie. La
poule est restée quatre-vingt-dix heures dans l'appareil ; elle n'a
manifesté aucun malaise ; elle a pondu successivement deux œufs
qu'elle a mangés immédiatement, comme dans l'expérience 1. Le
poids de l'oxygène consommé a été de 210^{gr},18.

Composition du gaz.

Au commencem. de l'expérience.		A la fin de l'expérience.	
Oxygène	65,83	Acide carbonique .	7,21
Azote	34,17	Hydrogène	traces.
	100,00	Oxygène	58,08
		Azote	34,71
			100,00

L'azote exhalé forme les 0,0013 du poids de l'oxygène consommé.

Le poids de l'oxygène consommé en une heure dans cette
expérience est de 2^{gr},33 ; le même animal en a consommé
2^{gr},28 dans l'expérience 1.

Ainsi, la consommation d'oxygène n'a pas été sensiblement plus grande dans une atmosphère beaucoup plus riche
en oxygène.

14ᵉ *Expérience.*

Lapin pesant 2125 grammes ; on lui donne pour nourriture des carottes ; elles sont entièrement mangées. L'animal séjourne dans la cloche 76^h 30^m ; il ne manifeste pas le moindre malaise. Le poids de l'oxygène consommé est de 183^{gr},47.

Composition du gaz.

Au commencem. de l'expérience.		A la fin de l'expérience.	
Oxygène......	54,89	Acide carbonique..	23,02
Azote........	45,11	Hydrogène........	traces.
	100,00	Oxygène	31,16
		Azote...........	45,82
			100,00

Le poids de l'azote exhalé est les 0,0021 du poids de l'oxygène consommé.

15ᵉ *Expérience.*

Chien mâle (le même que dans les expériences 7 et 12) ; on ne lui met pas d'aliments dans la cloche ; mais, avant de l'y introduire, on lui a donné une pâtée abondante de pain et de viande. L'expérience dure vingt-deux heures ; l'animal est très-agité et cherche à sortir de la cloche, mais il ne paraît pas souffrant. Le poids de l'oxygène consommé est de 174^{gr},6.

Composition du gaz.

Au commencem. de l'expérience.		A la fin de l'expérience.	
Oxygène....	58,35	Acide carbonique...	17,22
Azote......	41,65	Hydrogène........	0,35
	100,00	Oxygène..........	40,00
		Azote...........	42,43
			100,00

L'azote exhalé est les 0,0049 du poids de l'oxygène consommé.

Le poids de l'oxygène consommé par heure dans cette périence est de.. .... 7^{gr},94

Dans la septième expérience, il était de...... . .... 9^{gr},16

Et dans la douzième expérience, où la cloche était environnée de glace fondante......................... 8^{gr},06

Nous voyons par ces expériences que lorsque la perspiration des animaux a lieu dans une atmosphère beaucoup plus riche en oxygène que notre atmosphère terrestre, il ne se présente rien de particulier, au moins sous le rapport de la quantité d'oxygène consommé. Nous remarquons constamment une exhalation d'azote ; celle-ci a été trouvée moindre que dans les expériences faites au milieu d'un air plus pauvre en oxygène, mais cette circonstance n'est peut-être que fortuite.

EXPÉRIENCES DÉFINITIVES.

Les expériences précédentes démontrent qu'en général il y a dégagement d'azote dans la perspiration des animaux. mais que la quantité de ce gaz exhalé n'est jamais qu'une très-petite fraction de la quantité d'oxygène consommée ; il est donc évident qu'un animal placé dans un espace un peu considérable, rempli primitivement d'air atmosphérique. peut être considéré comme respirant pendant longtemps un air normal, si l'on a soin d'absorber constamment l'acide carbonique qu'il produit, et de le remplacer par un volume égal d'oxygène. La méthode d'expérimentation que nous avons décrite (page 14 et suiv.) s'applique donc parfaitement à l'étude de la perspiration normale, pourvu que l'appareil à potasse absorbe efficacement l'acide carbonique.

On conçoit qu'il serait difficile d'absorber l'acide carbonique assez complétement, à mesure qu'il se produit, pour que l'air de la cloche ne renfermât jamais que la petite quantité de ce gaz qui existe ordinairement dans l'air atmosphérique normal, surtout lorsque l'animal jouit d'une respiration puissante. Mais on évite l'inconvénient qui résulte de la présence de cet excès d'acide carbonique, en maintenant dans la cloche, pendant tout le temps de l'expérience, un excès de pression de quelques centimètres de mercure, par l'introduction d'une plus grande quantité d'oxygène que celle qui a été consommée ; l'oxygène s'y trouve alors sen-

R.　　　　　　　　　　　　　　　　8

siblement en même proportion que dans l'air atmosphérique. La présence de la petite quantité d'acide carbonique ne trouble d'ailleurs en rien la respiration, car nous nous sommes assurés qu'un animal peut séjourner, pendant longtemps et sans éprouver de malaise apparent, dans une atmosphère renfermant plus de la moitié de son volume d'acide carbonique, pourvu que cette atmosphère contienne une quantité suffisante d'oxygène. Plusieurs des expériences préliminaires que nous avons transcrites peuvent même être citées à l'appui de ce fait.

Nos expériences ont porté sur les différentes classes animales; dans chacune d'elles, nous avons choisi un petit nombre d'espèces, en prenant de préférence les animaux domestiques, parce qu'il y avait moins à craindre qu'ils fussent troublés dans leurs fonctions par leur séjour dans notre appareil. Nous avons pensé qu'il valait mieux étudier le phénomène de la perspiration sur un petit nombre d'espèces, mais d'une manière complète, que de l'étudier incomplétement sur un plus grand nombre. Nous avons fait, ordinairement, plusieurs expériences sur le même individu soumis à des alimentations différentes, et sur plusieurs individus de la même espèce, soumis au même régime. Malheureusement, ces expériences sont fort longues et coûteuses, et, malgré le temps considérable que nous y avons consacré, nous ne les avons, peut-être, pas multipliées autant que le sujet l'exigerait.

Nous aurons soin de donner les principaux éléments de chaque expérience; ils sont nécessaires au lecteur qui veut se faire une idée des circonstances dans lesquelles elle a été faite.

EXPÉRIENCES SUR LES MAMMIFÈRES
DANS L'ATMOSPHÈRE NORMALE.

I. — EXPÉRIENCES SUR LES LAPINS.

16ᵉ *Expérience.*

Lapin A, pesant 2 755 grammes; on lui donne dans la cloche 430 grammes de carottes. L'expérience dure 42ʰ 45ᵐ. Température T de l'eau du manchon pendant l'expérience, de 21 à 22 degrés.

Composition du gaz à la fin de l'expérience.

Acide carbonique........   1,10
Hydrogène protocarboné.   2,00
Oxygène.............   16,52
Azote...........   80,38
                      ————
                      100,00

Excès de la pression finale du gaz intérieur sur la pression initiale.   0,0

Poids de l'oxygène consommé...................   116,291^{gr}
Poids de l'acide carbonique produit.............   146,490
Poids de l'oxygène contenu dans l'acide carbonique.   106,538
Poids de l'azote exhalé....................   0,577

Rapport entre le poids de l'oxygène contenu dans l'acide carbonique et le poids de l'oxygène consommé.   0,916
Rapport entre le poids de l'azote exhalé et le poids de l'oxygène consommé.....................   0,0049

Poids de l'oxygène consommé par heure........   2^{gr},720
Poids de l'oxygène consommé, en une heure, par 1 kilogramme de l'animal................   0^{gr},987

17ᵉ Expérience.

Le même lapin **A**, pesant 2780 grammes, nourri, dans l'intervalle, avec des carottes et des fanes de carottes. On lui met dans la cloche 600 grammes de carottes, qu'il mange entièrement. L'expérience dure 54^h 40^m.   T = 23°.

Composition du gaz à la fin de l'expérience.

Acide carbonique........   0,15
Hydrogène protocarboné.   0,42
Oxygène.............   18,70
Azote.............   80,73
                      ————
                      100,00

Excès de la pression finale du gaz intérieur sur la pression
initiale. . . . . $= 0^{mm},1$

Poids de l'oxygène consommé. . . . . $133^{gr},291$
Poids de l'acide carbonique produit. . . . . $168,197$
Poids de l'oxygène contenu dans l'acide carbonique. $122,325$
Poids de l'azote exhalé. . . . . $0,723$

Rapport entre le poids de l'oxygène contenu dans l'a-
cide carbonique et le poids de l'oxygène consommé. $0,918$
Rapport entre le poids de l'azote exhalé et le poids
de l'oxygène consommé. . . . . $0,0054$

Poids de l'oxygène consommé par heure. . . . . . . $2^{gr},439$
Poids de l'oxygène consommé, en une heure, par
1 kilogramme de l'animal. . . . . $0^{gr},877$

18e *Expérience.*

Lapin B, pesant 4140 grammes, nourri avec des carottes et des
fanes. On lui met dans la cloche 799 grammes de carottes, qu'il
mange entièrement. Durée de l'expérience, $43^h 40^m$.

Composition du gaz à la fin de l'expérience.

Acide carbonique.	$1,59$
Hydrogène.	$0,56$
Hydrogène carboné.	traces.
Oxygène.	$18,42$
Azote.	$79,43$
	$100,00$

Excès de la pression finale du gaz sur la pression initiale. $0,0$

Poids de l'oxygène consommé. . . . . $144^{gr},171$
Poids de l'acide carbonique produit. . . . . $187,891$
Poids de l'oxygène contenu dans l'acide carbonique. $136,648$
Poids de l'azote exhalé. . . . . $0,120$

Rapport entre le poids de l'oxygène contenu dans l'a-
cide carbonique et l'oxygène consommé. . . . . $0,948$
Rapport entre le poids de l'azote exhalé et le poids de
l'oxygène consommé. . . . . $0,00083$

Poids de l'oxygène consommé par heure........ $3^{gr},302$
Poids de l'oxygène consommé, en une heure, par
1 kilogramme de l'animal................. $0^{gr},797$

19ᵉ *Expérience.*

Le même lapin B, pesant 3 800 grammes. Il est arrivé un ac-cident grave dans cette expérience : on avait oublié, le soir, de remonter l'appareil moteur, et le jeu des pipettes s'est arrêté pendant la nuit, probablement vers trois heures du matin. Le lendemain matin, on a trouvé l'animal mort dans la cloche ; on n'en a pas moins remis l'appareil en marche, et on l'a fait fonc-tionner pendant trois heures pour absorber tout l'acide carbo-nique. On a terminé l'expérience comme à l'ordinaire, seulement on n'a pas ramené la température de l'eau de la cloche au point où elle était au commencement de l'expérience; on l'a élevée da-vantage pour compenser approximativement l'effet de la chaleur animale. La température initiale était de 8°,3, et la température finale de 9°,6.

Composition du gaz à la fin de l'expérience.

Acide carbonique........	traces.
Hydrogène...........	0,24
Hydrogène protocarboné.	0,30
Oxygène.............	13,94
Azote...............	85,52
	100,00

Poids de l'oxygène consommé................ $48^{gr},990$
Poids de l'acide carbonique produit.......... . 61,000
Poids de l'oxygène contenu dans l'acide carbonique. 44,363
Poids de l'azote exhalé..................... 2,466

Rapport entre le poids de l'oxygène contenu dans l'a-
cide carbonique et le poids de l'oxygène consommé. 0,906
Rapport entre le poids de l'azote exhalé et le poids de
l'oxygène consommé..................... 0,0503

Nous avons rapporté cette expérience, parce qu'elle nous a semblé offrir de l'intérêt, précisément à cause des circonstances exceptionnelles qu'elle a présentées.

(110)

20.e Expérience.

Lapin C, nourri avec des carottes. On lui met dans la cloche 500 grammes de carottes fraîches, qu'il mange entièrement. Durée de l'expérience, vingt-sept heures. T = 18 à 19°.

Poids de l'animal avant l'expérience..... 3648^{gr}

Poids de l'animal après l'expérience..... 3662

Gain   14

Composition du gaz à la fin de l'expérience.

Acide carbonique.......   1,28

Oxygène. 18,12

Azote................. 80,60

100,00

Excès de la pression finale sur la pression initiale.   0,0

Poids de l'oxygène consommé.................. 84,333^{gr}

Poids de l'acide carbonique produit. 98,509

Poids de l'oxygène contenu dans l'acide carbonique. 71,643

Poids de l'azote exhalé.... 0,682

Rapport entre le poids de l'oxygène contenu dans l'a-
cide carbonique et le poids de l'oxygène consommé.   0,849

Rapport entre le poids de l'azote exhalé et le poids de
l'oxygène consommé 0,0081

Poids de l'oxygène consommé par heure....... 3^{gr},124

Poids de l'oxygène consommé, en une heure, par
1 kilogramme de l'animal................ 0^{gr},856

21.e Expérience.

Le même lapin C; on ne lui a pas donné de nourriture depuis sa sortie de la cloche. Au moment où on le remet dans l'appareil, il est à jeun depuis trente heures. On ne lui donne pas de nourriture dans la cloche : ainsi cette expérience se rapporte à l'animal *dans l'état d'inanition.*

Poids de l'animal à son entrée dans la cloche. 3506^{gr}

Poids de l'animal à sa sortie de la cloche..... 3360

· Perte..... 146

Durée de l'expérience........ 34ʰ 15ᵐ. T = 19°

Composition du gaz à la fin de l'expérience.

Acide carbonique........ 1,35
Oxygène.............. 18,36
Azote............... 80,29
                    —————
                    100,00

Excès de la pression finale sur la pression initiale == — 5ᵐᵐ,5

Poids de l'oxygène consommé................... 86ᵍʳ,463
Poids de l'acide carbonique produit............. 79,976
Poids de l'oxygène contenu dans l'acide carbonique. 58,164
Poids de l'azote exhalé...................... 0,439

Rapport entre le poids de l'oxygène contenu dans l'a-
· cide carbonique et le poids de l'oxygène consommé. 0,672
Rapport entre le poids de l'azote exhalé et le poids de
l'oxygène consommé............................ 0,0050

Poids de l'oxygène consommé par heure. 2ᵍʳ,518
Poids de l'oxygène consommé, en une heure, par
1 kilogramme de l'animal.................. 0ᵍʳ,735

22ᵉ *Expérience.*

Lapin D, nourri avec des carottes. On lui donne 500 grammes de carottes, qu'il mange en grande partie. Durée de l'expérience, 22ʰ 45ᵐ. T = 24°.

Poids de l'animal avant l'expérience 4048ᵍʳ
Poids de l'animal après l'expérience..... 3949
                                          ————
                    Perte de poids 99

Composition du gaz à la fin de l'expérience.

Acide carbonique 7,08
Hydrogène........... 0,26
Oxygène........... 12,99
Azote....... 79,67
                    —————
                    100,00

Excès de la pression finale sur la pression initiale — $1^{mm},5$

Poids de l'oxygène consommé.................. $81^{gr},684$
Poids de l'acide carbonique produit........ .... $106,705$
Poids de l'oxygène contenu dans l'acide carbonique. $77,604$
Poids de l'azote exhalé....................... $0,372$

Rapport entre le poids de l'oxygène contenu dans l'a-
cide carbonique et le poids de l'oxygène consommé. $0,950$
Rapport entre le poids de l'azote exhalé et le poids de
l'oxygène consommé....................... $0,0045$

Poids de l'oxygène consommé par heure. ..... $3^{gr},590$
Poids de l'oxygène consommé, en une heure, par
1 kilogramme de l'animal................. $0^{gr},897$

Dans cette expérience, il s'est accumulé beaucoup d'acide carbonique, mais seulement vers la fin; cette circonstance est due à
un petit dérangement du mécanisme, qui a beaucoup ralenti le
mouvement des pipettes à potasse. On a remédié en partie à cet
inconvénient, en maintenant un plus grand excès de pression dans
la cloche.

23ᵉ *Expérience.*

Le même lapin D, mais *à l'inanition*. L'animal est resté à jeun
pendant trente heures avant d'être placé dans la cloche, où il reste
sans nourriture. Durée de l'expérience, $28^h 25^m$. $T = 23°$.

Poids de l'animal avant l'expérience..... 3675^{gr}
Poids de l'animal après l'expérience..... 3480

Perte de poids 195

Composition du gaz à la fin de l'expérience.

Acide carbonique.. .... $1,07$
Oxygène.............. $18,34$
Azote.............. $80,59$

$100,00$

Excès de la pression finale sur la pression initiale $= -- 0^{mm},3$

Poids de l'oxygène consommé.............. ..... 77,158 ^{gr}
Poids de l'acide carbonique produit. 75,038
Poids de l'oxygène contenu dans l'acide carbonique. 54,573
Poids de l'azote exhalé. 0,686

Rapport entre le poids de l'oxygène contenu dans l'acide
carbonique et le poids de l'oxygène consommé..... 0,707
Rapport entre le poids de l'azote exhalé et le poids de
l'oxygène consommé. 0,0089
Poids de l'oxygène consommé par heure. .... . 2^{gr},731
Poids de l'oxygène consommé, en une heure, par
1 kilogramme de l'animal................... 0^{gr},763

24e *Expérience.*

Le même lapin D. Au sortir de la cloche, le lapin a été nourri
pendant plusieurs jours avec du pain et de l'avoine, on mettait
de l'eau à sa disposition; mais comme il n'en buvait pas spontanément, on lui en introduisait tous les jours une certaine quantité à l'aide d'un entonnoir. Le lapin s'était parfaitement remis
depuis la dernière expérience; on l'a placé dans la cloche avec du
pain dont il a mangé la plus grande partie.

L'animal pesait, avant l'expérience.................. 3820^{gr}
L'animal pesait, après l'expérience................ 3772
                    Perte de poids................. 48
L'expérience dure. .... 25^h 5^m. T = 20°.

Composition du gaz à la fin de l'expérience.

Acide carbonique..... 1,82
Hydrogène 0,16
Oxygène............ 18,32
Azote 79,70
                    100,00

Excès de la pression finale sur la pression initiale.... 0,0

Poids de l'oxygène consommé.................... 85,195 ^{gr}
Poids de l'acide carbonique produit 116,779
Poids de l'oxygène contenu dans l'acide carbonique. 84,930
Poids de l'azote exhalé....................... 0,281

Rapport entre le poids de l'oxygène contenu dans l'acide
carbonique et le poids de l'oxygène consommé. 0,997
Rapport entre le poids de l'azote exhalé et le poids de
l'oxygène consommé. 0,0033

Poids de l'oxygène consommé par heure. . . . . . . $3^{gr},390$
Poids de l'oxygène consommé, en une heure,
par 1 kilogramme de l'animal . . . . $0^{gr},893$

25ᵉ *Expérience*.

Trois lapins, âges de quelques mois, de la même portée, pesant ensemble 6940 grammes. Ils sont nourris, avant et pendant
l'expérience, avec des carottes. Durée de l'expérience, $24^h 52^m$.
$T = 18^o$.

Composition du gaz à la fin de l'expérience.

Acide carbonique.	2,37
Hydrogène	0,29
Oxygène.	18,01
Azote	79,33
	100,00

Excès de la pression finale sur la pression initiale. . . . 0,0

Poids de l'oxygène consommé. . . . . $188^{gr},658$
Poids de l'acide carbonique produit. . . . . $241,418$
Poids de l'oxygène contenu dans l'acide carbonique. $175,576$
Poids de l'azote exhalé. . . . . $0,145$

Rapport entre le poids de l'oxygène contenu dans l'acide
carbonique et le poids de l'oxygène consommé. 0,931
Rapport entre le poids de l'azote exhalé et celui de
l'oxygène consommé 0,00077

Poids de l'oxygène consommé, en une heure, par
les trois lapins. . . . . $7^{gr},586$
Poids de l'oxygène consommé, en une heure,
par 1 kilogramme de l'animal . . . . $1^{gr},093$

(115)

26ᵉ *Expérience.*

Cette expérience a été faite à la demande de M. Magendie. Cet habile physiologiste a remarqué que lorsqu'on enduit les animaux d'huile ou d'un vernis quelconque, ils se refroidissent rapidement et meurent au bout de quelque temps. Il était intéressant de rechercher quelle influence ces circonstances exerçaient sur la respiration.

Un lapin E, nourri avec des carottes et des fanes, a été enduit d'huile d'œillette, une heure environ avant de l'introduire dans l'appareil; l'animal a paru souffrant après quelque temps. Il a poussé des cris vers la fin de l'expérience. La température en a été prise dans l'anus, au moment où on l'a sorti de la cloche; elle a été trouvée de 35 degrés. L'animal est mort environ une heure après la sortie de l'appareil. La durée de l'expérience a été de vingt-trois heures.   T = 22°.

Composition du gaz à la fin de l'expérience.

Acide carbonique......	0,88
Oxygène.............	19,44
Azote..............	79,68
	100,00

Excès de la pression finale sur la pression initiale. — $7^{mm},0$

Poids de l'oxygène consommé.................... $81^{gr},433$

Poids de l'acide carbonique produit.............. $89,926$

Poids de l'oxygène contenu dans l'acide carbonique. $65,401$

Poids de l'azote exhalé....................... $0,081$

Rapport entre le poids de l'oxygène contenu dans l'acide carbonique et le poids de l'oxygène consommé...... $0,803$

Rapport entre le poids de l'azote exhalé et le poids de l'oxygène consommé...................... $0,0010$

Poids de l'oxygène consommé par heure....... $3^{gr},540$

Les expériences 16, 17, 18, 20, 22 ont été faites sur des lapins nourris avec des carottes. Dans toutes ces expériences, il y a eu exhalation d'azote; la proportion de ce gaz, rapportée au poids de l'oxygène consommé, a été :

N°s 16.........	0,0049	} A
17.........	0,0054	
18.........	0,0008	B
20.........	0,0081	C
22.........	0,0045	D
25.........	0,0008	3 jeunes lapins.
Moyenne....	0,0041	

elle est donc toujours restée au-dessous de $\frac{1}{100}$ du poids de l'oxygène consommé.

Le rapport entre le poids de l'oxygène contenu dans l'acide carbonique et le poids de l'oxygène consommé a été :

N°s 16..........	0,916	} A
17..........	0,918	
18..........	0,948	B
20..........	0,849	C
22..........	0,950	D
25..........	0,931	3 jeunes lapins.
Moyenne.....	0,919	

Nous voyons que ce rapport est resté le même dans les deux expériences 16 et 17 faites sur le même lapin soumis à une alimentation identique ; mais il a varié de $\frac{1}{10}$ dans les expériences faites sur des individus différents, quoique soumis à la même alimentation. En admettant la moyenne 0,919 des cinq expériences, on voit que, sur 100 parties d'oxygène consommées, il y en a 91,9 qui se retrouvent dans l'acide carbonique, et 8,1, seulement, sont absorbées dans d'autres combinaisons qui ne prennent pas l'état gazeux.

Le poids de l'oxygène consommé par heure a été :

N°s 16..........	2,720 gr	} A
17..........	2,439	
18..........	3,302	B
20..........	3,124	C
22.........	3,590	D
25..........	7,586	3 jeunes lapins.

Si on le rapporte à des poids égaux des animaux, on trouve :

Nos 16..........	0,987	} A
17..........	0,877	
18..........	0,797	B
20..........	0,856	C
22..........	0,897	D
25..........	1,093	3 jeunes lapins.
Moyenne.....	0,918	

On voit que la consommation d'oxygène est notablement différente, même dans les deux expériences 16 et 17, faites sur le même individu. Les variations ne présentent rien de régulier par rapport aux poids absolus des individus. C'est dans l'expérience 25, faite sur de jeunes lapins, que la consommation d'oxygène a été, comparativement, la plus grande. On peut conclure de là que l'intensité absolue de la respiration varie notablement, non-seulement dans des individus différents, mais encore dans le même animal.

Les expériences 21 et 23 ont été faites sur deux lapins différents, à *l'inanition;* tous deux avaient été nourris précédemment de la même manière, avec des carottes et d'autres légumes, mais, avant de les soumettre à l'expérience, ils étaient restés trente heures sans manger.

Dans les deux expériences, il y a eu exhalation d'azote, et le rapport du poids de ce gaz à celui de l'oxygène consommé a été :

Nos 21.........	0,0050	C
23.........	0,0089	D
Moyenne....	0,0069	

c'est-à-dire peu différent de ce qu'il a été trouvé pour ces mêmes animaux lorsqu'ils étaient soumis à leur régime ordinaire.

Le rapport entre le poids de l'oxygène contenu dans l'acide carbonique et celui de l'oxygène consommé est, au contraire, beaucoup plus faible que lorsque les animaux recevaient leur nourriture ordinaire, car il a été trouvé de

$$N^{os} \; 21 \ldots \ldots \ldots \quad 0,672 \quad C$$
$$23 \ldots \ldots \ldots \quad 0,707 \quad D$$
$$\text{Moyenne} \ldots \quad 0,690$$

Sur 100 d'oxygène consommé, on en retrouve donc 69,0 dans l'acide carbonique, et 31,0 disparaissent dans des combinaisons non gazeuses.

Le poids d'oxygène consommé dans le même temps par les lapins à l'inanition est notablement plus faible que lorsqu'ils prennent leur nourriture ordinaire. Car le lapin C a consommé en une heure :

20. Lorsqu'il était nourri à discrétion avec des carottes. $3^{gr},124$

21. Lorsqu'il était à l'inanition .... $2,518$

Le lapin D a consommé en une heure :

22. Lorsqu'il était nourri avec des carottes.......... $3^{gr},590$

23. Lorsqu'il était à l'inanition................... $2,731$

Les expériences 22 et 24 ont été faites sur le même lapin D ; dans l'expérience 22, il était nourri avec des carottes ; dans l'expérience 24, il mangeait du pain, de l'avoine et du son mouillé, et avait été soumis préalablement, pendant plusieurs jours, à cette même alimentation.

L'expérience 24 constate encore une exhalation d'azote qui est les 0,0033 du poids de l'oxygène consommé. Le rapport entre le poids de l'oxygène contenu dans l'acide carbonique et le poids de l'oxygène consommé a été :

22. L'animal nourri avec des carottes.............. $0^{gr},950$

24. L'animal nourri avec du pain et de l'avoine...... $0,997$

Ce rapport a donc été plus grand dans l'alimentation au grain que dans celle aux légumes. Sur 100 parties d'oxygène consommées par l'animal alimenté au pain et à l'avoine, on en a trouvé 99,7 dans l'acide carbonique ; 0,3 seulement disparaissent dans des combinaisons non gazeuses.

Le poids de l'oxygène consommé par heure a été :

22. Par l'animal nourri avec les carottes.   3,590
24. Par l'animal nourri avec le pain et l'avoine.   3,390

Cette consommation est donc restée à peu près la même.

Les expériences 19 et 26 ont été faites dans des conditions anomales :

Dans l'expérience 19, l'animal est mort asphyxié, parce que le jeu des pipettes à potasse s'est arrêté. On a trouvé dans ce cas une exhalation d'azote beaucoup plus considérable, car elle s'élève à 0,0503 du poids de l'oxygène consommé. Le rapport entre le poids de l'oxygène contenu dans l'acide carbonique et le poids de l'oxygène consommé a été peu différent de ce qu'il est dans les conditions normales, car il a été trouvé de 0,906; cela ne doit pas surprendre, puisque la plus grande partie de ce gaz s'est formée pendant une respiration normale.

Dans l'expérience 26, l'animal avait été recouvert, sur tout son corps, d'une couche d'huile; il était très-souffrant, et il mourut une heure environ après sa sortie de la cloche. Il y a encore eu une faible exhalation d'azote, laquelle s'est élevée à 0,0010 du poids de l'oxygène consommé. Le rapport entre le poids de l'oxygène contenu dans l'acide carbonique et le poids de l'oxygène consommé a été de 0,803; par conséquent, notablement plus faible que lorsque l'animal, soumis à la même alimentation, est en bonne santé: mais ce rapport est beaucoup plus fort que pour les lapins à l'inanition. Il est bon de remarquer que l'animal n'a pas pris de nourriture pendant les vingt-trois heures qu'il est resté dans l'appareil, et que c'est à cette circonstance que l'on peut attribuer, au moins en partie, la faiblesse de ce rapport entre l'oxygène de l'acide carbonique et l'oxygène consommé. Le poids de l'oxygène consommé par heure a été de 3gr,540, c'est-à-dire à peu près égal à celui que l'on a trouvé pour ces animaux en bonne santé.

II. — Expériences sur les chiens.

27ᵉ *Expérience*.

Chien A au terme de sa croissance ; il pèse 6393 grammes avant l'expérience. L'animal était nourri à la viande depuis plusieurs jours ; on ne lui donne pas de nourriture dans la cloche. Durée de l'expérience, 24^h 30^m.   T = 22°.

Composition du gaz à la fin de l'expérience.

Acide carbonique.....   3,01
Oxygène............   17,42
Azote.............   79,57
                     ———
                     100,00

Excès de la pression finale sur la pression initiale. +5^{min},91

Poids de l'oxygène consommé................... 182^{gr},288
Poids de l'acide carbonique produit............. 185,961
Poids de l'oxygène contenu dans l'acide carbonique. 135,244
Poids de l'azote exhalé........................   0,182

Rapport entre le poids de l'oxygène contenu dans l'acide carbonique et le poids de l'oxygène consommé...... 0,742
Rapport entre le poids de l'azote exhalé et celui de l'oxygène consommé........................ 0,0010

Poids de l'oxygène consommé par heure....... 7^{gr},440
Poids de l'oxygène consommé, en une heure, par 1 kilogramme de l'animal............. 1^{gr},164

28ᵉ *Expérience*.

Le même chien A ; on a continué à le nourrir avec de la viande crue ; il pèse, avant l'expérience, 6370 grammes. Durée de l'expérience, 22^h 15^m.   T = 23°.

Composition du gaz à la fin de l'expérience.

Acide carbonique.....   1,65
Oxygène...........   17,78
Azote.............   80,57
                     ———
                     100,00

Excès de la pression finale sur la pression initiale. $+ 0^{mm},2$

Poids de l'oxygène consommé . . . . $182^{gr},381$
Poids de l'acide carbonique produit. . . . . $188,050$
Poids de l'oxygène contenu dans l'acide carbonique. $136,763$
Poids de l'azote exhalé. . . . . $0,624$

Rapport entre le poids de l'oxygène contenu dans l'acide
carbonique et le poids de l'oxygène consommé. . . . . $0,750$
Rapport entre le poids de l'azote exhalé et celui de
l'oxygène consommé . . . . $0,0034$

Poids de l'oxygène consommé par heure. . . . . $8^{gr},196$
Poids de l'oxygène consommé, en une heure,
par 1 kilogramme de l'animal . . . . $1^{gr},286$

29ᵉ *Expérience*.

Le même chien A; il est resté soumis au régime de la viande
crue; il pèse, avant l'expérience, 6290 grammes. Durée de l'expérience, $21^h 15^m$. $T = 25^o$.

Composition du gaz à la fin de l'expérience.

Acide carbonique. . . . . . $0,77$
Oxygène. . . . . $17,70$
Azote . . . . $81,53$
———————
$100,00$

Excès de la pression finale sur la pression initiale. . . . $0,0$

Poids de l'oxygène consommé. . . . . $146^{gr},479$
Poids de l'acide carbonique produit. . . . . $150,406$
Poids de l'oxygène contenu dans l'acide carbonique. $109,386$
Poids de l'azote exhalé. . . . . $1,016$

Rapport entre le poids de l'oxygène contenu dans l'acide
carbonique et le poids de l'oxygène consommé . . . . . $0,747$
Rapport entre le poids de l'azote exhalé et celui de
l'oxygène consommé . . . . $0,0069$

Poids de l'oxygène consommé par heure. . . . . $6^{gr},893$
Poids de l'oxygène consommé, en une heure,
par 1 kilogramme de l'animal. . . . . $1^{gr},095$

R.   9

30ᵉ *Expérience.*

Autre chien plus âgé B, nourri également à la viande. Il pèse, au moment d'entrer dans l'appareil, 6 213 grammes. L'expérience dure vingt-sept heures.   T $= 21°$.

Composition du gaz à la fin de l'expérience.

Acide carbonique......	1,65
Hydrogène...........	traces.
Oxygène.............	16,71
Azote...............	80,31
	100,00

Excès de la pression finale sur la pression initiale $= -$ 0ᵐⁱⁿ,8

Poids de l'oxygène consommé...................... 170,520ᵍʳ

Poids de l'acide carbonique produit.............. 173,472

Poids de l'oxygène contenu dans l'acide carbonique. 126,161

Poids de l'azote exhalé......................... 0,530

Rapport entre le poids de l'oxygène contenu dans l'acide carbonique et le poids de l'oxygène consommé...... 0,740

Rapport entre le poids de l'azote exhalé et le poids de l'oxygène consommé 0,0031

Poids de l'oxygène consommé par heure........ 6ᵍʳ,315

Poids de l'oxygène consommé, en une heure, par 1 kilogramme de l'animal.............. 1ᵍʳ,016

31ᵉ *Expérience.*

Chien C, nourri à la viande crue ; il pèse, avant l'expérience............................... 6256ᵍʳ,5

Après l'expérience............................ 6060ᵍʳ,5

Perte.................... 196ᵍʳ,0

Durée de l'expérience .... 10ʰ 15ᵐ.   T $= 15°$.

Composition du gaz à la fin de l'expérience.

Acide carbonique......	3,09
Oxygène.............	14,12
Azote...............	82,79
	100,00

Excès de la pression finale sur la pression initiale   — 3^{mm},61

Poids de l'oxygène consommé.................. .....   87,839^{gr}
Poids de l'acide carbonique produit.......... ...   86,378
Poids de l'oxygène contenu dans l'acide carbonique. 62,820
Poids de l'azote exhalé....................... .   1,535

Rapport entre le poids de l'oxygène contenu dans l'acide
carbonique et le poids de l'oxygène consommé 0,743
Rapport entre le poids de l'azote exhalé et le poids de
l'oxygène consommé. 0,0174

Poids de l'oxygène consommé par heure..... .   8^{gr},570
Poids de l'oxygène consommé, en une heure,
par 1 kilogramme de l'animal............   1^{gr},393

32e Expérience.

Chien D, au régime de la viande seule depuis plusieurs jours.

L'animal pèse, avant l'expérience............. . .... 4802,5^{gr}
L'animal pèse, après l'expérience................. 4712,0

Perte.. 90,5

Durée de l'expérience   ..... 13^h 10^m.   T = 21°.

Composition du gaz à la fin de l'expérience.

Acide carbonique   1,95
Hydrogène..   0,08
Hydrogène carboné ..   0,16
Oxygène..... 16,65
Azote 81,16
100,00

Excès de la pression finale sur la pression initiale.... 0,0

Poids de l'oxygène consommé.................... ..... 69,168^{gr}
Poids de l'acide carbonique produit.............. 70,648
Poids de l'oxygène contenu dans l'acide carbonique 51,380
Poids de l'azote exhalé................. 0,948

Rapport entre le poids de l'oxygène contenu dans l'acide
carbonique et le poids de l'oxygène consommé 0,743
Rapport entre le poids de l'azote exhalé et le poids de
l'oxygène consommé 0,0137

8.

Poids de l'oxygène consommé par heure........ 5^{gr},252
Poids de l'oxygène consommé, en une heure,
par 1 kilogramme de l'animal............. 1,106

33e *Expérience.*

Chien E, nourri à la viande, pesant 5625 grammes. A la demande de M. Magendie, ce chien a été enduit, sur toute la surface de son corps, d'une couche de gélatine. L'animal était très-géné par ce vernis qui empêchait ses mouvements, mais il n'a pas paru souffrant. L'expérience a duré 10^h 30^m. T = 20°. Le chien, au sortir de l'appareil, a été lavé longtemps à l'eau tiède ; on est parvenu ainsi à détacher complétement la gélatine. Il ne s'est d'ailleurs pas ressenti de cette expérience.

Composition du gaz à la fin de l'expérience.

Acide carbonique ..   5,17
Oxygène.........   14,25
Azote   80,58
                 ————
                 100,00

Excès de la pression finale sur la pression initiale ...   0,0

Poids de l'oxygène consommé................. 87^{gr},568
Poids de l'acide carbonique produit............ 89,316
Poids de l'oxygène contenu dans l'acide carbonique. 64,957
Poids de l'azote exhalé.. 0,672

Rapport entre le poids de l'oxygène contenu dans l'acide
carbonique et le poids de l'oxygène consommé...... 0,741
Rapport entre le poids de l'azote exhalé et le poids de
l'oxygène consommé........................ 0,0077

Poids de l'oxygène consommé par heure....... 8^{gr},340
Poids de l'oxygène consommé, en une heure,
par 1 kilogramme de l'animal............. 1^{gr},481

34e *Expérience.*

Chien F, nourri à la viande.

(125)

L'animal pèse, avant l'expérience.................. .... 5615^{gr}

L'animal pèse, après l'expérience................... 5284

Perte de poids............... 331

Durée de l'expérience.......... 17^h 20^m.   T = 23°.

Composition du gaz à la fin de l'expérience.

Acide carbonique   2,47

Hydrogène............   0,32

Oxygène............   17,70

Azote...............   79,51
————
100,00

Excès de la pression finale sur la pression initiale. — 2^{mm},3

Poids de l'oxygène consommé.... .... 115,656^{gr}

Poids de l'acide carbonique produit.............. 119,661

Poids de l'oxygène contenu dans l'acide carbonique. 87,026

Poids de l'azote exhalé. 0,076

Rapport entre le poids de l'oxygène contenu dans l'acide carbonique et le poids de l'oxygène consommé..... 0,752

Rapport entre le poids de l'azote exhalé et le poids de l'oxygène consommé...................... 0,00066

Poids de l'oxygène consommé par heure........ 6^{gr},673

Poids de l'oxygène consommé, en une heure, par 1 kilogramme de l'animal.............. 1^{gr},224

35e Expérience.

Le chien A, pesant 6 390 grammes; on ne lui donne pas de nourriture dans la cloche; mais l'animal, immédiatement avant d'y entrer, a mangé une pâtée abondante de pain et d'eau grasse. Lorsqu'il fut renfermé dans la cloche, le chien eut une indigestion et vomit toute la nourriture qu'il venait de prendre, mais il l'a ravala immédiatement. Un second vomissement suivit bientôt le premier; les matières vomies furent de nouveau mangées, avec avidité, et le chien ne manifesta plus aucun signe de malaise pendant le reste de l'expérience. Celle-ci dura en tout 17^h 40^m. T = 23°.

Composition du gaz à la fin de l'expérience.

Acide carbonique.....	5,52
Hydrogène...........	3,82
Oxygène............	11,04
Azote..............	79,62
	100,00

Excès de la pression finale sur la pression initiale. 0,0

Poids de l'oxygène consommé.................... $156^{gr},330$

Poids de l'acide carbonique produit............. 196,270

Poids de l'oxygène contenu dans l'acide carbonique. 142,742

Poids de l'azote exhalé...................... 0,0594

Rapport entre le poids de l'oxygène contenu dans l'acide carbonique et le poids de l'oxygène consommé.... 0,913

Rapport entre le poids de l'azote exhalé et celui de l'oxygène consommé....................... 0,00038

Poids de l'oxygène consommé par heure...... $8^{gr},848$

Poids de l'oxygène consommé, en une heure, par 1 kilogramme de l'animal............. $1^{gr},384$

36e *Expérience.*

Le même chien **F** a été nourri, pendant huit jours, avec une pâtée formée de pain, de très-peu de viande et d'eaux grasses; il a été ensuite soumis à l'expérience.

L'animal pesait, à son entrée dans la cloche........... 6145^{gr}

L'animal pesait, à sa sortie de la cloche............. 5865

Perte.............. 280

L'expérience a duré treize heures.   T = 22°.

Composition du gaz à la fin de l'expérience.

Acide carbonique.....	3,83
Hydrogène.........	0,24
Oxygène...........	14,96
Azote.............	80,97
	100,00

Excès de la pression finale sur la pression initiale. — 3^{mm}

Poids de l'oxygène consommé.................. $85,686^{gr}$
Poids de l'acide carbonique produit............... $111,081$
Poids de l'oxygène contenu dans l'acide carbonique. $80,786$
Poids de l'azote exhalé...................... $0,688$
Rapport entre le poids de l'oxygène contenu dans l'acide
   carbonique et le poids de l'oxygène consommé...... $0,943$
Rapport entre le poids de l'azote exhalé et celui de
   l'oxygène consommé.......................... $0,0080$
Poids de l'oxygène consommé par heure. ..... $6^{gr},591$
Poids de l'oxygène consommé, en une heure,
   par 1 kilogramme de l'animal............ $1^{gr},100$

37e Expérience.

Le même chien F, au sortir de la cloche, reste à jeun pendant
vingt-quatre heures ; on le replace dans l'appareil sans lui donner
à manger. Ainsi l'animal, au moment d'entrer dans la cloche,
n'avait pas mangé depuis trente-huit heures. On peut donc le considérer comme à l'état d'inanition. L'expérience dure $22^h 40^m$.
$T = 21°$.

L'animal pesait, à son entrée dans l'appareil. .. 5607^{gr}
L'animal pesait, à sa sortie de l'appareil 5577

Perte 30

Il n'a fait dans la cloche ni urine, ni excréments.

Composition du gaz à la fin de l'expérience.

     Acide carbonique..... $2,75$
     Oxygène........... $19,71$
     Azote........... $77,54$
             $100,00$

Excès de la pression finale sur la pression initiale.. $0,0$

Poids de l'oxygène consommé.................. $114,517^{gr}$
Poids de l'acide carbonique produit.......... $114,073$
Poids de l'oxygène contenu dans l'acide carbon. $82,962$
Poids de l'azote absorbé................... $0,689$

Rapport entre le poids de l'oxygène contenu dans l'acide
carbonique et le poids de l'oxygène consommé...... 0,724

Rapport entre le poids de l'azote absorbé et celui de
l'oxygène consommé 0,0060

Poids de l'oxygène consommé par heure........... $5^{gr},054$

Poids de l'oxygène consommé, en une heure, par 1 kilogramme de l'animal..................... $0^{gr},902$

38e Expérience.

Le même chien F, au sortir de la cloche, était très-affamé, car
il n'avait pas mangé depuis plus de soixante heures ; on lui donna
50 grammes de graisse de mouton qu'il avala avec avidité ; douze
heures après, on lui en donna 200 grammes qu'il dévora de
même. On le soumit immédiatement à une nouvelle expérience.
Le chien resta $13^h 15^m$ dans la cloche ; mais il paraissait souffrant
et resta couché.   T $= 21^o$.

Poids de l'animal avant l'expérience.... 5547^{gr}
Poids de l'animal après l'expérience.... 5485
————
Perte............. 62

Composition du gaz à la fin de l'expérience.

Acide carbonique..... 1,94
Hydrogène.......... traces.
Oxygène........... 18,98
Azote.............. 79,08
————
100,00

Excès de la pression finale sur la pression initiale. $+ 0^{min},5$

Poids de l'oxygène consommé................ $82,960^{gr}$
Poids de l'acide carbonique produit........... 78,960
Poids de l'oxygène contenu dans l'acide carboniq. 57,425
Poids de l'azote exhalé..................... 0,000

Rapport entre le poids de l'oxygène contenu dans l'acide
carbonique et le poids de l'oxygène consommé...... 0,694

Rapport entre le poids de l'azote exhalé et le poids de
l'oxygène consommé........................... 0,000

Poids de l'oxygène consommé par heure......... $6^{gr},261$
Poids de l'oxygène consommé, en une heure, par
1 kilogramme de l'animal.................... $1^{gr},138$

Les expériences 27, 28, 29, 30, 31, 32 et 34 ont été faites sur des chiens nourris à la viande; dans toutes ces expériences, il y a eu exhalation d'azote. Le rapport entre le poids de l'azote exhalé et celui de l'oxygène consommé a été :

		^{gr}	
N°s 27	....	0,0010	A
28	....	0,0034	A
29	....	0,0069	A
30	....	0,0031	B
31	....	0,0174	C
32	....	0,0137	D
34	....	0,0007	F
Moyenne	....	0,0066	

La quantité d'azote exhalée varie donc beaucoup, pour des chiens soumis à la même alimentation de chair; mais elle est toujours très-petite, car dans l'expérience 31, où elle a été la plus considérable, le poids de l'azote dégagé forme 1,7 pour 100 du poids de l'oxygène consommé.

Le rapport entre le poids de l'oxygène contenu dans l'acide carbonique et le poids de l'oxygène consommé a été le même, à très-peu de chose près, dans toutes les expériences; on a trouvé en effet :

N°s 27	....	0,742	A
28	....	0,750	A
29	....	0,747	A
30	....	0,740	B
31	....	0,743	C
32	....	0,743	D
34	....	0,752	F
Moyenne	....	0,745	

Ainsi, dans la respiration des chiens nourris à la viande, sur 100 parties d'oxygène consommées, il en passe 74,5 dans l'acide carbonique, et 25,5 sont absorbées pour former des combinaisons non gazeuses. Le rapport 0,745 que nous trouvons ici est beaucoup plus faible que le rapport 0,916 obtenu sur les lapins nourris avec des légumes, et, à plus forte raison, que le rapport 0,997 que nous avons trouvé pour le lapin nourri à l'avoine et au pain; il est un peu plus grand que le rapport 0,690 que nous ont donné les lapins à l'inanition.

Les poids d'oxygène consommés par heure ont été :

$$
\begin{array}{lll}
N^{os}\ 27 & 7,440 & A \\
28 & 8,196 & A \\
29 & 6,893 & A \\
30 & 6,315 & B \\
31 & 8,570 & C \\
32 & 5,252 & D \\
34 & 6,673 & E \\
\end{array}
$$

et, si l'on rapporte cette quantité à des poids égaux (1 kilogramme) de l'animal :

$$
\begin{array}{lll}
N^{os}\ 27 & 1,164 & A \\
28 & 1,286 & A \\
29 & 1,095 & A \\
30 & 1,016 & B \\
31 & 1,393 & C \\
32 & 1,106 & D \\
34 & 1,224 & E \\
\hline
\text{Moyenne} & 1,183 \\
\end{array}
$$

On voit que la quantité d'oxygène consommée par heure est loin d'être constante pour le même animal, lors même qu'il est soumis à une alimentation identique; les différences sont du même ordre que celles que l'on rencontre pour différents individus de la même espèce, soumis au même régime. Les variations ne présentent d'ailleurs aucune relation simple avec les poids absolus des animaux.

L'expérience 35 a été faite sur le même chien A qui avait servi aux expériences 27, 28 et 29; seulement l'animal était nourri, depuis plusieurs jours, avec une pâtée faite de pain, d'eaux grasses et d'une très-petite quantité de viande. Il y eut encore de l'azote exhalé, mais le poids de ce gaz a été seulement les 0,00038 du poids de l'oxygène consommé. Le rapport entre l'oxygène contenu dans l'acide carbonique et l'oxygène consommé a été trouvé de 0,913, par conséquent *beaucoup plus considérable* que dans les expériences où le même chien était nourri de viande. Enfin, le poids de l'oxygène consommé par heure a été de 8^{gr},848; la consommation d'oxygène a donc été plus grande que lorsque le même animal était nourri à la viande.

Cette expérience présente, en outre, une circonstance très-remarquable, savoir, un dégagement considérable de gaz hydrogène pur qui s'élève à près de 2 litres. Nul doute que ce gaz n'ait été exhalé pendant les vomissements fréquents que l'animal a éprouvés dans la cloche. Il est très-probable que, pendant la digestion, les matières alimentaires dégagent dans l'estomac de l'hydrogène pur, mais que la plus grande partie de ce gaz se brûle de nouveau, sous l'influence des matières en fermentation, et qu'il n'en sort du corps de l'animal que de très-petites quantités. Dans l'expérience qui nous occupe, ce gaz a été rejeté dans l'atmosphère pendant les vomissements, et a échappé ainsi à la combustion qu'il aurait subie dans les organes digestifs. MM. Chevreul et Magendie ont constaté, en effet, sur des suppliciés, que les gaz renfermés dans les intestins contenaient une proportion considérable de gaz hydrogène, et nous avons, nous-mêmes, reconnu l'existence d'une grande quantité d'hydrogène dans le gaz retiré du canal intestinal d'un chien.

Le chien F, de l'expérience 36, était nourri depuis long-temps avec une pâtée formée de pain et d'eau grasse; l'expérience n'a présenté aucune circonstance extraordinaire. Il y a encore eu dégagement d'azote, le poids du gaz exhalé a été les 0,0080 du poids de l'oxygène consommé. Le rapport entre le poids de l'oxygène contenu dans l'acide carbonique produit et le poids de l'oxygène consommé a été trouvé de 0,943, c'est-à-dire encore plus fort que dans l'expérience 34. Le poids de l'oxygène consommé par heure a été de 1^{gr},100 pour le poids de l'animal ramené à 1 kilogramme.

Ainsi les expériences 35 et 36, comparées aux expériences 27, 28, 29, 30, 31, 32 et 34, montrent que, *pour des quantités égales d'oxygène consommées, la proportion d'acide carbonique produite est beaucoup plus forte lorsque les chiens sont soumis à une alimentation féculente, que lorsqu'ils sont nourris avec de la viande.* Avec la nourriture féculente, le rapport entre l'oxygène contenu dans l'acide carbonique et l'oxygène consommé est de 0,928; tandis que, lorsque les chiens sont nourris avec de la viande, ce rapport n'est que de 0,745.

L'expérience 37 a été faite sur le chien F à l'inanition. Il n'avait pas mangé depuis trente-huit heures lorsqu'on l'introduisit dans la cloche où il resta vingt-trois heures. Nous trouvons ici, non pas une exhalation d'azote comme dans les expériences précédentes, mais une *absorption notable* de ce gaz; celle-ci s'élève, en effet, à 0,0060 du poids de l'oxygène consommé. Le rapport entre le poids de l'oxygène contenu dans l'acide carbonique produit et le poids de l'oxygène consommé est 0,724; ainsi, il est seulement un peu plus faible que le rapport 0,745 que nous avons trouvé pour les chiens nourris à la viande. Le chien F consommait, par heure, 6^{gr},591 d'oxygène quand il était nourri au pain; le même animal n'en consomma, par heure, que 5^{gr},054 quand il fut à l'inanition.

L'expérience 38 se rapporte au même chien F, auquel on avait donné seulement de la graisse de mouton depuis sa sortie de la cloche après l'expérience 37. Il n'y a eu ni dégagement ni absorption sensibles d'azote. Le rapport entre le poids de l'oxygène contenu dans l'acide carbonique produit et le poids de l'oxygène consommé a été plus faible encore que quand l'animal était à l'inanition, car il s'est élevé seulement à 0,694. Le chien a consommé, par heure, 6^{gr},261 d'oxygène, c'est-à-dire, un peu moins qu'il n'en avait consommé dans le même temps quand il était nourri au pain.

Enfin, l'expérience 33 a été faite sur un chien nourri à la viande, mais dont tout le corps avait été enduit de gélatine. Cette expérience n'a rien présenté de particulier; les résultats ont été semblables à ceux que nous avons trouvés dans les expériences 27, 28, 29, 30, 31, 32 et 34.

III. — Expériences sur des marmottes.

Nous avons fait, pendant l'hiver et le printemps de 1848, des expériences comparatives sur la perspiration des marmottes assoupies et éveillées. Les animaux nous avaient été envoyés par M. le professeur Sacc, de Neufchâtel. Cet habile physiologiste les avait soumis à une série de recherches, et se proposait d'étudier leur respiration, lorsqu'il apprit que nous nous occupions depuis longtemps d'études semblables. Avec une abnégation dont nous devons le remercier ici, il nous envoya les quatre marmottes qu'il avait conservées, et nous adressa, en même temps, les résultats de ses premières recherches; nous en extrairons ceux qui nous paraissent les plus importants.

« Les marmottes avaient été trouvées dans le canton d'Unterwalden, à la fin d'octobre 1845 ; elles étaient très-farouches, excepté la plus jeune qui s'apprivoisa assez pour se laisser toucher sans résistance. Elles furent nourries d'herbe, de trèfle et de feuilles de choux. A la fin d'octobre 1846, elles s'engourdirent toutes, et ne se réveillèrent complétement qu'au commencement d'avril 1847, quoiqu'elles fussent placées dans une chambre bien éclairée, et dont la température variait de 10 à 15 degrés. Elles restèrent éveillées et très-vives jusqu'au mois de novembre 1847, époque à laquelle M. Sacc entreprit sur elles des observations suivies. Nous ne suivrons l'auteur qu'à partir du moment où il a soumis les animaux à des pesées régulières.

Le 7 janvier, les marmottes sont complétement engourdies le matin, mais quelques-unes se réveillent vers le milieu de la journée, car on trouve des déjections solides et liquides, quoiqu'en très-petite quantité.

Le 8, la température était de + 5 degrés. On pèse les quatre marmottes qui, bien qu'engourdies, donnent des symptômes de vie lorsqu'on les touche, surtout la marmotte B.

A pèse.. 2226^{gr},1   B. 1182,7   C. 2837,2   D. 3027,1

Le 10 janvier, à 10 heures du matin, A est totalement engourdi; les trois autres, et surtout B, donnent des signes de sentiment. On leur trouve les poids suivants :

A.. 2228,4   B.. 1175,7   C.. 2834,6   D.. 3023,9

Le 13 janvier, on les pèse de nouveau. C est le plus endormi, vient ensuite B, puis D, et enfin A qui paraît vouloir se réveiller.

A.. 2225,9   B.. 1175,7   C.. 2835,9   D.. 3021,7

Le 15 janvier, par un beau soleil qui fait suite à plusieurs jours d'un froid vif, on pèse les animaux. A part le train de derrière, A est sorti de léthargie et se soustrait à la main qui le touche, en donnant des signes de grande frayeur; il n'a donc plus conscience de ses actes, puisque, de privé qu'il était, il est devenu très-farouche. B et C commencent à sortir d'engourdissement; D est en pleine torpeur.

A..   »   B.. 1174,5   C.. 2830,1   D.. 3024,0

Les 16 et 17 janvier, beau soleil continu ; aussi ne doit-on pas s'étonner si, le 17 à 10 heures, la marmotte A, quoique endormie, ouvre les yeux lorsqu'on la manie. Le soleil ne donne cependant jamais sur la cage des animaux.

A.. 2201,9   B.. 1168,5   C.. 2830,1   D.. 3018,1

A est le plus éveillé, vient ensuite C, puis B et D qui sont presque au même degré de torpeur, c'est-à-dire, sensibilité sans mouvement.

Le 19 janvier, on trouve des déjections solides et liquides provenant de C et D, qui sont assez éveillés pour qu'il devienne impossible de les peser. A et B s'agitent sur la balance; A a les yeux fermés, tandis qu'ils sont entr'ouverts chez B.

A.. 2200,4   B.. 1166,7

Le 21 janvier, toutes les marmottes dorment; A s'agite un peu, B un peu plus; C et D sont en pleine torpeur.

A.. 2197,3   B.. 1166,1   C . 2767,3   D.. 2947,9

Le 22 janvier, la température de l'appartement était + 4 degrés. B est complétement éveillé, C s'agite sur la balance, A et D sont dans un profond sommeil.

A.. 2199,4   B.. »   C.. 2766,1   D.. 2949,0

Dans la nuit du 21 au 22 janvier, B rend des déjections solides et liquides.

Le 24 janvier, par une température intérieure de + 3 de-grés, A respire visiblement, quoiqu'il soit endormi : C est dans la torpeur la plus profonde.

A.. 2197,4   B.. 1095,4   C.. 2767,2   D.. 2945,5

Le 26 janvier, la température intérieure est de + 4 de-grés, et le soleil luit. On trouve des déjections solides et liquides provenant de A, qui est tiède, entr'ouvre les yeux et s'agite; D est le plus profondément endormi.

A.. 2153,0   B.. 1094,7   C.. 2760,2   D.. 2944,6

Le 28 janvier, la température intérieure est de + 4 degrés une forte bise souffle. A est le moins endormi, il s'agite un peu ; C est le plus profondément endormi.

A.. 2153,5   B.. 1094,3   C.. 2761,4   D.. 2945,2

Le 29 janvier, le temps est fort beau et le soleil luit.

Le 30 janvier, et par une température intérieure de + 6 degrés,

A.. 2150,9   B.. 1088,4   C.. 2759,8   D..   »

B s'agite, C est le plus endormi ; D est totalement éveillé et rend des déjections solides et liquides.

Le 31 janvier, la température intérieure est de + 5 degrés, et il dégèle.

A.. 2149,6   B.. 1087,8   C.. 2757,2   D.. 2899,6

D est le moins endormi, viennent ensuite A et D ; C est le plus endormi.

Le 2 février, il gèle ; la température intérieure est de + 8 degrés, le soleil parait à 10 heures.

A.. 2149,1   B.. 1087,3   C.. 2758,2   D.. 2900,5

C et D sont les plus endormis ; leur respiration, quoique fort lente, est encore perceptible.

Le 4 février, il gèle, et la température intérieure est de + 8 degrés.

A..   »   B.. 1085,8   C..   »   D.   »

C est complétement éveillé, vient ensuite A, puis D ; B s'agite sur la balance.

Toutes les marmottes sont éveillées le 5 février, quoiqu'il gèle. Le soleil est très-vif.

Le 6 février, il gèle pendant la nuit ; la pluie tombe avec abondance, et la température intérieure est de + 8 degrés.

A.. 2133,5   B.. 1079,0   C.. 2735,7   D.. 2889,0

C est le moins endormi, ensuite viennent A, B et D ; ce dernier est dans une torpeur assez profonde.

Le 8 février, il dégèle ; le soleil luit, et la température intérieure est de 10 degrés.

A.. 2133,8   B.. 1078,5   C.. 2735,3   D.. 2889,4

A et D sont les plus endormis, B l'est le moins.

Le 10 février, il pleut, et la température intérieure s'élève à + 11 degrés.

A.. 2132,4   B.. 1077,9   C.. 2737,0   D.. 2889,4

C est le plus endormi, viennent ensuite D, B et A ; ce dernier l'est le moins.

Le 11 février, toutes les marmottes dorment.

Le 12 février, il dégèle, et la température intérieure est de + 12 degrés.

A..   »   B.. 1077,0   C.. 2736,5   D..   »

A et D sont complétement éveillés.

Dans la nuit du 12 au 13 février, il gèle fortement ; la température intérieure est de + 12 degrés, le soleil est magnifique tout le jour. Les marmottes sont parfaitement éveillées et très-vives, elles refusent néanmoins de manger.

Le 14 février, il gèle pendant la nuit ; le soleil luit, la température intérieure est de 11 degrés.

A..   »   B.. 1072,2   C.. 2681,9   D.. 2876,5

A est entièrement éveillé, B s'agite.

Le 15 février, il gèle pendant la nuit ; un épais brouillard remplit l'atmosphère, et la température intérieure est de 10 degrés.

A.. 2093,8   B.. 1071,6   C.. 2677,8   D.. 2873,2

Le 17 février, il dégèle et le soleil luit ; la température intérieure est de + 10 degrés.

A.. 2092,3   B.. 1071,0   C.. 2677,3   D.. 2874,3

D est le plus endormi, vient ensuite B, puis A ; C est le plus éveillé.

R.   10

Il gèle dans la nuit du 17 au 18 février ; le 18, il fait du brouillard, et la température intérieure est de + 10 degrés.

A . 2079,9   B . . 1021,9   C . 2675,1   D . . 2860,7

Les marmottes sont éveillées, surtout A et B ; C est le plus endormi.

Le 21 février. il neige ; la température intérieure est à + 9 degrés.

A . . 2078,4   B . . 1017,8   C . . 2673,4   D . . 2860,0

B et D sont les plus endormis, A est le plus éveillé. Le même jour, à 11 heures, les marmottes sont emballées dans une caisse avec du foin, et expédiées pour Paris par la malle-poste. »

La caisse arriva à Paris pendant les journées de la révolution de février, et ce ne fut que huit jours après qu'il nous fut possible de la retirer. Les quatre marmottes furent trouvées éveillées ; on leur donna des feuilles de choux et de salade, mais elles n'y touchèrent pas les premiers jours. Quelques jours après, la température s'étant abaissée, les marmottes C et D s'endormirent profondément ; les marmottes A et B restèrent, au contraire, très-vives, et commencèrent à manger. Ces dernières ne s'engourdirent plus, bien que la température descendît souvent à + 4 degrés ; elles mangeaient, chaque jour, avec avidité, la ration de feuilles de choux, de salade et d'autres légumes qu'on leur donnait. Elles furent séparées des marmottes endormies C et D.

On déduit des pesées faites par M. Sacc sur les marmottes, pendant les mois de janvier et de février, plusieurs résultats importants.

Le 8 janvier, les marmottes pesaient :

A 2226^{gr},1   B 1182,7   C 2837,2   D 3027,1

Le 21 février, elles pesaient :

A 2078,4   B 1017,8   C 2673,4   D 2860,0

| Perte de poids. | 147,7 | 164,9 | 163,8 | 167,1 |
| ou | 0,066 | 0,139 | 0,058 | 0,057 |

du poids primitif. La perte proportionnelle a été d'autant moindre que l'animal était plus gros.

M. Sacc déduit de ces mêmes pesées ce résultat curieux, que, *dans l'état de torpeur complète, les marmottes augmentent souvent de poids d'une manière très-sensible.* En effet,

Du 8 au 10 janvier,	A a augmenté de	2,3^{gr}
10 au 13 »	C »	1,3
13 au 15 »	D »	2,3
21 au 22 »	D »	1,1
22 au 24 »	C »	1,1
26 au 28 »	C »	1,2
31 au 2 février,	C »	1,0
8 au 10 »	C »	1,7
15 au 17 »	D »	1,1

Il est facile, en se reportant aux explications qui accompagnent les pesées de M. Sacc, de reconnaitre que les augmentations de poids ont toujours eu lieu sur les marmottes le plus complétement endormies.

Cette augmentation de poids ne continue que jusqu'à ce que l'animal, pendant un réveil partiel, expulse de l'urine.

38e *Expérience* bis.

Les deux grosses marmottes C et D sont placées le 1er mars 1848 dans l'appareil ; elles sont toutes deux profondément assoupies. Elles sont restées dans le même état jusqu'au 8 mars au soir. La pipette à oxygène qui communiquait alors avec la cloche, renfermait beaucoup plus d'oxygène qu'il n'en fallait pour entretenir la respiration jusqu'au lendemain, en admettant que la consomma-

tion en restât constante. Néanmoins, le 9 mars au matin, non-
seulement tout l'oxygène de la pipette avait été consommé, mais
encore le manomètre montrait une dépression de près de 200 millimètres. La marmotte D n'était plus dans la position où elle se
trouvait la veille, et lorsqu'on sortit les animaux de la cloche, on
reconnut qu'elle était morte. Cette marmotte s'était évidemment
éveillée pendant la nuit; elle eut bientôt consommé l'oxygène
qui était à sa disposition, et périt asphyxiée par suite du manque
de ce gaz. La marmotte C, qui ne s'était pas réveillée, était
restée pendant plusieurs heures dans l'atmosphère où avait péri
la marmotte D, et elle n'en avait éprouvé aucune influence fâcheuse; car, mise auprès du feu, elle ne tarda pas à se réveiller,
et à reprendre sa vivacité et sa méchanceté ordinaires.

L'expérience fut d'ailleurs terminée comme de coutume, après
avoir introduit de l'oxygène dans la cloche pour rétablir la pression initiale. Durée approximative, cent soixante-quatorze heures.
T = 13°,6.

Le deux marmottes pesaient ensemble, avant l'expérience. 5430^{gr}

Composition du gaz à la fin de l'expérience.

Acide carbonique....	0,08
Oxygène...........	20,50
Azote	79,42
	100,00

Excès de la pression finale sur la pression initiale. $+ 0^{mm},2$

Poids de l'oxygène consommé................ $45,519$

Poids de l'acide carbonique produit. 36,800

Poids de l'oxygène contenu dans l'acide carbonique. 26,764

Poids de l'azote exhalé...................... 0,132

Rapport entre le poids de l'oxygène contenu dans l'acide
carbonique et le poids de l'oxygène consommé...... 0,588

Rapport entre le poids de l'azote exhalé et celui de
l'oxygène consommé 0,0029

Poids de l'oxygène consommé par heure ...... $0^{gr},261$

Poids de l'oxygène consommé, en une heure,
par 1 kilogramme de l'animal............... $0^{gr},048$

39ᵉ *Expérience.*

Les deux petites marmottes A et B éveillées ; elles sont très-vives, se débattent beaucoup dans la cloche et mettent en morceaux le petit plancher de bois sur lequel elles posent. Poids des deux marmottes, 3115 grammes. Durée de l'expérience, 22ʰ 35ᵐ. T = 12°.

Composition du gaz à la fin de l'expérience.

Acide carbonique.	0,53
Hydrogène protocarboné.	0,10
Oxygène.	17,80
Azote.	81,57
	100,00

Excès de la pression finale sur la pression initiale . . + 0ᵐᵐ,6

Poids de l'oxygène consommé. 84ᵍʳ,613

Poids de l'acide carbonique exhalé. 92,584

Poids de l'oxygène contenu dans l'acide carbonique. 67,33

Poids de l'azote exhalé. 1,199

Rapport entre le poids de l'oxygène contenu dans l'acide carbonique et le poids de l'oxygène consommé . . . 0,796

Rapport entre le poids de l'azote exhalé et le poids de l'oxygène consommé. 0,014

Poids de l'oxygène consommé par heure. 3ᵍʳ,744

Poids de l'oxygène consommé, en une heure, par 1 kilogramme de l'animal. 1ᵍʳ,198

40ᵉ *Expérience.*

La marmotte C, que l'on avait éveillée en la plaçant devant le feu après l'expérience 38 *bis,* s'est endormie de nouveau, le même jour, lorsqu'elle s'est trouvée exposée à une température plus basse. On l'a remise dans la cloche le 23 mars ; elle pesait 2735 grammes. L'expérience dura 117ʰ45ᵐ, pendant lesquelles on n'aperçut aucun mouvement de l'animal. T = 8°.

Composition du gaz à la fin de l'expérience.

Acide carbonique.	0,03
Oxygène.	21,44
Azote.	78,56
	100,00

(142)

Excès de la pression finale sur la pression initiale... $+ 1^{mm},1$

Poids de l'oxygène consommé........................ $13,088$

Poids de l'acide carbonique produit.............. $7,174$

Poids de l'oxygène contenu dans l'acide carbonique. $5,217$

Poids de l'azote *absorbé*........................ $0,228$

Rapport entre le poids de l'oxygène contenu dans l'acide
carbonique et le poids de l'oxygène consommé..... $0,399$

Rapport entre le poids de l'azote absorbé et le poids de
l'oxygène consommé. .... $0,0174$

Poids de l'oxygène consommé par heure......... $0^{gr},111$

Poids de l'oxygène consommé, en une heure,
par 1 kilogramme de l'animal.............. $0^{gr},040$

La température de l'animal, prise dans le rectum, au sortir de
la cloche, est de 12°.

41e *Expérience.*

La même marmotte C, quelques jours après l'expérience précédente (27 mars, à midi) : elle est moins fortement endormie; on
aperçoit, de temps en temps, des mouvements d'inspiration et d'expiration, et elle entr'ouvre les yeux lorsqu'on la touche. Poids de
la marmotte avant l'expérience, 2 734 grammes. Le 30 mars,
vers 4^h30^m, les $\frac{2}{3}$ du gaz de la pipette à oxygène en communication avec l'appareil étaient à peine consommés, lorsque la
marmotte ouvrit les yeux et commença à s'agiter; ses mouvements devinrent de plus en plus rapides et la consommation
d'oxygène de plus en plus considérable; à 5^h15^m, le reste du
gaz oxygène (environ 6 grammes) était passé dans la cloche. Au
moment de terminer l'expérience, on a laissé la température de
l'eau du manchon un peu au-dessous de ce qu'elle était au commencement, afin de compenser, au moins approximativement,
l'effet produit sur le gaz de la cloche par le réchauffement de
l'animal. La température de la marmotte prise dans l'anus, au
commencement de l'expérience, était de $11^o,2$; cette température,
déterminée au moment de sa sortie, était de $22^o,1$. Elle s'est
ensuite élevée successivement, et, cinq heures après la sortie
de l'animal, elle était montée à 29 degrés : la marmotte était alors
très-vive et très-méchante. La température de la marmotte B, qui
était éveillée depuis longtemps, et qui avait mangé, a été trouvée,

dans les mêmes circonstances, de 35 degrés. Durée de l'expérience, soixante-dix-sept heures.   T = 10°.

Composition du gaz à la fin de l'expérience.

Acide carbonique	1,37
Oxygène...............	19,43
Azote.	79,20
	100,00

Excès de la pression finale sur la pression initiale. . . — 8^{mm},9

Poids de l'oxygène consommé.... ....   17,972 [gr]
Poids de l'acide carbonique produit... 13,529
Poids de l'oxygène contenu dans l'acide carbonique   9,839
Poids de l'azote exhalé...   0,000
Rapport entre le poids de l'oxygène contenu dans l'acide carbonique et le poids de l'oxygène consommé . . 0,547
Rapport entre le poids de l'azote exhalé et le poids de l'oxygène consommé par heure.................. 0,000
Poids de l'oxygène consommé par heure....... 0^{gr},233
Poids de l'oxygène consommé, en une heure, par 1 kilogramme de l'animal..... .... 0^{gr},085

42.e *Expérience.*

La même marmotte C, remise dans sa cage avec de la nourriture, est restée parfaitement éveillée et a mangé; le 3 avril, on la remet dans l'appareil avec des carottes auxquelles elle ne touche pas. L'expérience dure 41^{h}10^m. On n'a pas pu prendre, exactement, la température de l'animal, ni au commencement ni à la fin de l'expérience, parce qu'il se débat vivement. Cependant on a trouvé, à la fin, environ 34 degrés dans l'anus.   T = 15°.

Poids de l'animal à son entrée dans la cloche.	2735 [gr]
Poids de l'animal à sa sortie de la cloche....	2636
Perte	99

Composition du gaz à la fin de l'expérience.

Acide carbonique.... .	1,30
Oxygène	18,70
Azote..	80,00
	100,00

Excès de la pression finale sur la pression initiale. — $0^{mm},5$

Poids de l'oxygène consommé.................... $85,^{gr}738$
Poids de l'acide carbonique produit............. $80,926$
Poids de l'oxygène contenu dans l'acide carbonique.. $58,855$
Poids de l'azote exhalé....................... $0,404$

Rapport entre le poids de l'oxygène contenu dans l'acide
    carbonique et le poids de l'oxygène consommé...... $0,686$
Rapport entre le poids de l'azote exhalé et celui de l'oxy-
    gène consommé................................. $0,0047$

Poids de l'oxygène consommé par heure........... $2^{gr},082$
Poids de l'oxygène consommé, en une heure, par
    1 kilogramme de l'animal..................... $0^{gr},774$

43e *Expérience.*

Le 17 juin, la même marmotte C est replacée dans l'appareil ;
on met à sa disposition des trognons de choux et des fanes de carottes. Le premier jour, elle a mangé entièrement les fanes de carottes, et presque complétement les trognons de choux ; mais, le
second jour, elle s'assoupit, et la consommation d'oxygène s'af-
faiblit notablement. Elle se réveille complétement au moment où
on la sort de la cloche. L'expérience dure soixante-huit heures.
$T = 20°$.

Poids de la marmotte à son entrée dans la cloche. 2207^{gr}
Poids de la marmotte à sa sortie de la cloche.... 1927
                        Perte............... 280

Composition du gaz à la fin de l'expérience.

Acide carbonique .... $1,00$
Hydrogène.......... $0,10$
Hydrog. protocarboné. $1,50$
Oxygène............ $19,91$
Azote.............. $77,49$
                    $100,00$

(145)

Excès de la pression finale sur la pression initiale. — $0^{mm},5$

Poids de l'oxygène consommé.................. $82^{gr},908$
Poids de l'acide carbonique produit............. $74,711$
Poids de l'oxygène contenu dans l'acide carbonique. $54,335$
Poids de l'azote *absorbé*..................... $0,762$

Rapport entre le poids de l'oxygène contenu dans l'acide carbonique et le poids de l'oxygène consommé...... 0.655
Rapport entre le poids de l'azote absorbé et celui de l'oxygène consommé......................... $0,0092$

Poids de l'oxygène consommé par heure......... $1^{gr},219$
Poids de l'oxygène consommé, en une heure, par 1 kilogramme de l'animal.................... $0^{gr},589$

L'expérience 39 a été faite sur les petites marmottes A et B, éveillées depuis longtemps, très-vives, et se nourrissant bien. On peut comparer la respiration de ces animaux à celle des lapins, qui prennent à peu près la même nourriture. Dans l'expérience sur les marmottes, il y a eu exhalation d'azote; le poids du gaz exhalé a été les $0,0141$ du poids de l'oxygène consommé; la moyenne des expériences 16 à 25 (page 116) sur les lapins a donné une exhalation d'azote qui n'a été que de $0,0041$ du poids de l'oxygène consommé. Le rapport entre l'oxygène de l'acide carbonique produit et l'oxygène consommé a été $0,796$ dans l'expérience sur les marmottes; la moyenne des expériences 16 à 25 (page 116) sur les lapins nourris avec des légumes donne $0,919$; ainsi ce rapport est notablement plus fort chez ces derniers animaux.

Le poids de l'oxygène consommé en une heure, par 1 kilogramme de l'animal, a été

Pour les marmottes. $1^{gr},198$ Pour les lapins... $0^{gr},918$

Les expériences 40, 41, 42 et 43 ont été faites sur la même marmotte C à différents états d'assoupissement.

Dans l'expérience 40, l'animal était complétement engourdi; il était froid, et se laissait manier sans donner aucun signe de vie. Il est resté cent dix-huit heures dans la cloche, sans changer de position ; on a cru reconnaître seulement, de loin en loin, de faibles mouvements d'inspiration et d'expiration. La respiration a été extrêmement lente, car elle n'a consommé, dans l'espace de près de cinq jours, que 13 grammes d'oxygène. La température intérieure de la marmotte n'était que de 12 degrés au sortir de l'appareil ; elle n'était supérieure que de 4 degrés à celle du milieu ambiant.

Il y a eu *absorption* d'azote ; celle-ci s'est élevée à 0,0174 du poids de l'oxygène consommé.

Le rapport entre le poids de l'oxygène contenu dans l'acide carbonique et le poids de l'oxygène consommé a été d'une faiblesse remarquable, car il s'élève seulement à 0,399.

Le poids de l'oxygène consommé en une heure par la marmotte a été de $0^{gr},111$; et, si l'on rapporte ce poids à 1 kilogramme de l'animal, il n'est que de 0,040. Ainsi, la consommation de l'oxygène que fait la marmotte dans l'état de torpeur complète n'est guère que le $\frac{1}{30}$ de celle qui a lieu lorsque l'animal est complétement éveillé, en adoptant, pour ce dernier cas, la consommation que nous avons trouvée pour les marmottes A et B dans l'expérience 39.

Dans l'expérience 41, la marmotte était moins engourdie que dans l'expérience 40 ; elle s'est même complétement réveillée dans la cloche, après un séjour de soixante-seize heures : pendant ce temps, sa respiration avait été extrêmement lente, car il n'y avait eu qu'environ 12 grammes d'oxygène consommé. Le réveil a été très-prompt : on a reconnu d'abord des mouvements plus étendus et plus rapides d'inspiration et d'expiration ; puis l'animal a ouvert les yeux, s'est mis à trembler de toute la partie antérieure du corps. Sa respiration est devenue très-active ; en moins de trois quarts d'heure, la marmotte consomma la moitié de la quantité d'oxygène qu'elle avait absorbée en soixante-seize heures pendant son sommeil. Lorsqu'on la retira de la cloche, elle était fort méchante, et cherchait à mordre les personnes qui l'approchaient; mais elle ne pouvait pas courir, parce que ses jambes de derrière étaient encore engourdies. La température de l'animal avait été prise, avant son entrée dans l'appareil, au moyen d'un thermomètre introduit dans le rectum : elle était de $11^°,2$. Cette température, déterminée de la même manière immédiatement après sa sortie, fut trouvée de $22^°,1$. Cinq heures après, la marmotte était très-vive : on parvint néanmoins à mesurer sa température; celle-ci fut trouvée de 32 à 33 degrés.

Dans cette expérience, qui se rapporte en partie à l'état de torpeur de l'animal et en partie à sa période de réveil, on n'a trouvé ni azote exhalé, ni azote absorbé. Le rapport entre la quantité d'oxygène contenu dans l'acide carbonique produit et la quantité d'oxygène consommé a été de 0,547 ; c'est-à-dire, intermédiaire entre celui de l'expérience 40 qui se rapporte à la même marmotte dans l'état de torpeur absolue, et celui de l'expérience 39 faite sur les deux marmottes A et B complétement éveillées.

La consommation d'oxygène faite en une heure par la marmotte pendant son sommeil, a été de $0^{gr},158$ environ : c'est-à-dire, plus grande d'un tiers que celle qui avait eu lieu pendant l'expérience 40. Enfin, pendant sa période de réveil qui a duré trois quarts d'heure, elle a consommé environ 6 grammes d'oxygène; cela donne une consommation par heure de 8 grammes, qui est beaucoup plus grande que celle que nous avons trouvée dans l'expérience 40 pour les marmottes complétement éveillées.

Pendant l'expérience 42, la marmotte C est restée éveillée, mais elle n'a pas touché à la nourriture qu'on lui avait mise dans la cloche. Il y a eu exhalation d'azote dont le poids a été les 0,0047 du poids de l'oxygène consommé. Le rapport entre l'oxygène contenu dans l'acide carbonique produit et l'oxygène consommé a été de 0,686, c'est-à-dire notablement plus faible que celui que nous avons trouvé dans l'expérience 40 sur les petites marmottes ; mais il faut observer que la marmotte C mangeait très-peu à cette époque, même lorsqu'elle était dans sa cage. Elle a consommé, par heure, 2^{gr},082 d'oxygène.

L'expérience 43 a été faite, le 17 juin, sur la même marmotte C éveillée depuis longtemps. Le premier jour, elle a mangé la plus grande partie de la nourriture qu'on lui avait mise dans la cloche ; sa respiration fut très-active, mais, le même jour, elle s'endormit profondément, quoique la température de l'eau du manchon fût de 20 degrés. La consommation d'oxygène se ralentit considérablement, bien que les mouvements de la respiration fussent très-visibles ; elle ne se réveilla qu'au moment où on la retira de la cloche. Pendant la première période de cette expérience, la marmotte consomma, par heure, environ 1^{gr},7 d'oxygène, tandis que dans la seconde période, c'est-à-dire pendant son sommeil, elle n'en consomma que 0^{gr},8. La consommation moyenne fut de 1^{gr},219 par heure.

Il y eut une *absorption* d'azote fort notable, qui s'éleva à 0,0092 du poids de l'oxygène consommé. Le rapport de l'oxygène contenu dans l'acide carbonique à l'oxygène consommé est de 0,655, c'est-à-dire, encore plus faible que dans l'expérience 42 ; ce qu'il faut attribuer au sommeil de l'animal pendant une partie de l'expérience.

Enfin l'expérience 38 *bis,* qui a été faite la première par ordre de date, a présenté une particularité très-remarquable. Nous avons dit, dans le procès-verbal de cette expérience, que l'une des marmottes était morte dans l'appareil. Les deux marmottes C et D avaient été placées dans la cloche, à l'état de torpeur complète ; elles restèrent dans cet état pendant près de huit jours, et la consommation d'oxygène était très-faible. Le soir du huitième jour, la pipette à gaz oxygène contenait une quantité de gaz capable d'entretenir la respiration de ces deux

animaux pendant plus de deux jours, en admettant que
la consommation d'oxygène restât la même que les jours
précédents. Mais la marmotte D se réveilla pendant la nuit,
sa respiration devint très-active (ainsi que nous l'avons reconnu dans l'expérience 41), la quantité d'oxygène qu'elle
avait à sa disposition fut bientôt consommée, et l'animal
mourut asphyxié. La seconde marmotte C, qui était restée
endormie, ne fut retirée que cinq ou six heures après la
mort de la marmotte D; elle avait séjourné, pendant tout ce
temps, dans l'atmosphère qui avait asphyxié sa compagne:
et, cependant, elle n'en avait éprouvé aucun effet fâcheux,
car, placée devant une cheminée, elle ne tarda pas à se réveiller et à courir dans la chambre. On voit par là que, pour
les marmottes éveillées, les conditions d'existence ne sont
pas les mêmes que pour les marmottes en torpeur; que les
premières s'asphyxient, comme les autres mammifères, dans
une atmosphère dépouillée d'oxygène, où elles pourraient
séjourner longtemps, sans inconvénient, si elles étaient
engourdies. On peut en conclure également que ces animaux ne peuvent pas, par leur volonté seule, passer à
l'état de torpeur pour échapper à l'action délétère de cette
atmosphère.

Les deux marmottes consommèrent moyennement, par
heure, 0^{gr},261 d'oxygène, et cette consommation, rapportée à un poids de 1 kilogramme de ces animaux, n'a été
que de 0^{gr},048, c'est-à-dire à peu près la même que dans
l'expérience 40 faite sur la marmotte C en pleine torpeur.
Il y eut une petite quantité d'azote exhalé qui s'éleva à
0,0029 du poids de l'oxygène consommé; mais le rapport
entre l'oxygène contenu dans l'acide carbonique et l'oxygène
consommé fut beaucoup plus grand que dans l'expérience 40,
savoir, 0,588; ce qu'il faut attribuer, en grande partie,
au réveil de l'une des marmottes.

Les expériences que nous avons faites sur les marmottes
engourdies donnent l'explication très-simple du fait observé

par M. Sace, savoir : que souvent, les marmottes en torpeur augmentent sensiblement de poids, bien qu'elles ne prennent aucune nourriture. En effet, dans l'expérience 40, faite sur la marmotte C complétement engourdie et froide, nous avons trouvé que le poids de l'oxygène consommé était de 13^{gr},088 ; tandis que le poids de l'acide carbonique exhalé ne s'élevait qu'à 7^{gr},174. Or, l'animal n'a rendu ni excréments ni urine ; si donc, d'un autre côté, il n'avait pas perdu d'eau par la transpiration, son poids se serait augmenté de 5^{gr},914 par la respiration seule pendant les cinq jours qu'il est resté dans l'appareil. Il a certainement perdu une partie de son eau par la transpiration, mais cette perte a pu être beaucoup moindre que 5^{gr},9, parce que la température de l'animal était très-basse, et supérieure seulement de 4 degrés à celle du milieu ambiant.

Nous aurions désiré pouvoir multiplier davantage nos expériences sur les marmottes hibernantes ; malheureusement, ces animaux ne nous sont parvenus qu'à une époque très-avancée de l'hiver, et il nous a été impossible d'étudier plus complétement cet intéressant phénomène, dont les circonstances sont encore si peu connues.

EXPÉRIENCES SUR LES OISEAUX.

I. — POULES.

44e *Expérience.*

Poule A, pesant 1 280 grammes, nourrie avec de l'avoine : on lui met dans la cloche 135 grammes d'avoine et 360 grammes d'eau. L'avoine est mangée presque entièrement, il reste très-peu d'eau. Durée de l'expérience, 63^h 5^m. T $= 19°$.

Composition du gaz à la fin de l'expérience.

Acide carbonique.....	0,89
Oxygène...........	17,53
Azote	81,58
	———
	100.00

Excès de la pression finale sur la pression initiale. — 6^{mm},7

Poids de l'oxygène consommé................. 85^{gr},423

Poids de l'acide carbonique produit............ 107,232

Poids de l'oxygène contenu dans l'acide carbonique. 77,987

Poids de l'azote exhalé..................... 0,931

Rapport entre le poids de l'oxygène contenu dans l'acide carbonique et le poids de l'oxygène consommé...... 0,913

Rapport entre le poids de l'azote exhalé et celui de l'oxygène consommé........................ 0,0109

Poids de l'oxygène consommé par heure........ 1^{gr},354

Poids de l'oxygène consommé, en une heure, par 1 kilogramme de l'animal.................... 1^{gr},058

45ᵉ Expérience.

La même poule **A**, nourrie à l'avoine ; on lui met dans la cloche 330 grammes d'avoine et 265 grammes d'eau, qui sont entièrement consommés. L'expérience dure quatre-vingt-sept heures. Poids de l'animal 1280 grammes. $T = 23°$.

Composition du gaz à la fin de l'expérience.

Acide carbonique.....	0,42
Hydrogène carboné...	0,35
Oxygène............	19,03
Azote.............	80,20
	100,00

Excès de la pression finale sur la pression initiale.... 0,0

Poids de l'oxygène consommé... .... 117^{gr},676

Poids de l'acide carbonique produit............ 156,426

Poids de l'oxygène contenu dans l'acide carboniq. 113,764

Poids de l'azote exhalé..................... 0,466

Rapport entre le poids de l'oxygène contenu dans l'acide carbonique et le poids de l'oxygène consommé...... 0,967

Rapport entre le poids de l'azote exhalé et celui de l'oxygène consommé........................ 0,0039

Poids de l'oxygène consomme par heure........ 1^{gr},353

Poids de l'oxygène consommé, en une heure, par 1 kilogramme de l'animal.... .... 1^{gr},057

46ᵉ *Expérience.*

Vieille poule B , pesant 2020 grammes, nourrie à l'avoine. On lui met dans la cloche 255 grammes d'avoine et 250 grammes d'eau, qu'elle consomme entièrement. Durée de l'expérience, $24^h 40^m$. Il est arrivé un accident dans cette expérience : le mécanisme s'est arrêté pendant la nuit, et le lendemain matin, on a trouvé l'animal presque asphyxié. On a remis immédiatement la machine en mouvement, et la poule s'est rétablie promptement quand l'air a été purifié, de nouveau, par le jeu de l'appareil. Elle ne paraissait pas éprouver de malaise lorsqu'on l'a sortie de la cloche. $T = 7°$.

Composition du gaz à la fin de l'expérience.

Acide carbonique.....	0,58
Oxygène............	19,53
Azote.............	79,89
	100,00

Excès de la pression finale sur la pression initiale. — $1^{mm},8$

Poids de l'oxygène consommé................ $52^{gr},959$
Poids de l'acide carbonique produit........... $54,596$
Poids de l'oxygène contenu dans l'acide carbonique. $39,706$
Poids de l'azote exhalé..................... $0,290$

Rapport entre le poids de l'oxygène contenu dans l'acide carbonique et le poids de l'oxygène consommé...... $0,749$
Rapport entre le poids de l'azote exhalé et celui de l'oxygène consommé........................... $0,0055$

Poids de l'oxygène consommé par heure........ $2^{gr},148$
Poids de l'oxygène consommé, en une heure, par 1 kilogramme de l'animal.................. $1^{gr},063$

47ᵉ *Expérience.*

La même poule B ; on l'a laissée pendant huit jours à son régime ordinaire de grain, puis on l'a soumise à une nouvelle expérience. Elle a mangé, pendant l'expérience, environ 220 grammes d'avoine, et bu 150 centimètres cubes d'eau. L'expérience a duré $46^h 30^m$. $T = 9°$.

Composition du gaz à la fin de l'expérience.

Acide carbonique..... 1,20
Oxygène............ 19,34
Azote.............. 79,46
——————
100,00

Excès de la pression finale sur la pression initiale.... 0,0

Poids de l'oxygène consommé.... .... 86^{gr},966
Poids de l'acide carbonique produit............... 93,018
Poids de l'oxygène contenu dans l'acide carbonique. 67,649
Poids de l'azote exhalé........................ 0,187

Rapport entre le poids de l'oxygène contenu dans l'acide
carbonique et le poids de l'oxygène consommé...... 0,874
Rapport entre le poids de l'azote exhalé et celui de l'oxygène consommé.............................. 0,0022

Poids de l'oxygène consommé par heure........ 1^{gr},870
Poids de l'oxygène consommé, en une heure, par
1 kilogramme de l'animal.................. 0^{gr},935

48e *Expérience.*

Poule C, nourrie à l'avoine. On lui donne dans la cloche de
l'avoine et de l'eau.

La poule pèse, avant l'expérience... 1506^{gr},7
La poule pèse, après l'expérience... 1554,5
——————
Gain 47,8

Durée de l'expérience........ 52^{h} 30^{m}.   T = 14°.

Composition du gaz à la fin de l'expérience.

Acide carbonique..... 0,80
Hydrogène......... 0,38
Hydrog. protocarboné. 0,15
Oxygène........... 17,55
Azote............. 81,12
——————
100,00

R.   11

Excès de la pression finale sur la pression initiale..... 0,0

Poids de l'oxygène consommé.................. 87,105 ^{gr}

Poids de l'acide carbonique produit. 119,494

Poids de l'oxygène contenu dans l'acide carbonique. 86,905

Poids de l'azote exhalé.... 1,024

Rapport entre le poids de l'oxygène contenu dans l'acide carbonique et le poids de l'oxygène consommé...... 0,998

Rapport entre le poids de l'azote exhalé et celui de l'oxygène consommé...................... 0,0117

Poids de l'oxygène consommé par heure........ 1^{gr},659

Poids de l'oxygène consommé, en une heure, par 1 kilogramme de l'animal.................. 1^{gr},084

49e Expérience.

La même poule **C**, nourrie à l'avoine ; on met à sa disposition, dans l'appareil, de l'avoine et de l'eau. L'expérience dure 51^{h}45^m. T = 19°.

Poids de la poule avant l'expérience... 1530^{gr}

Poids de la poule après l'expérience... 1563

Gain.......... 33

Composition du gaz à la fin de l'expérience.

Acide carbonique..... 1,31

Hydrog. protocarboné. 0,35

Oxygène............ 18,24

Azote.............. 80,10

100,00

Excès de la pression finale sur la pression initiale. — 0^{mm},5

Poids de l'oxygène consommé.................. 85,062 ^{gr}

Poids de l'acide carbonique produit............ 115,385

Poids de l'oxygène contenu dans l'acide carbonique. 83,916

Poids de l'azote exhalé........ 0,455

Rapport entre le poids de l'oxygène contenu dans l'acide carbonique et le poids de l'oxygène consommé...... 0,986

Rapport entre le poids de l'azote exhalé et celui de l'oxygène consommé. 0,0053

Poids de l'oxygène consommé par heure......... $1^{gr},643$

Poids de l'oxygène consommé, en une heure, par
1 kilogramme de l'animal.................... $1^{gr},067$

50ᵉ *Expérience.*

La même poule C, nourrie à l'avoine; on met dans la cloche de l'avoine et de l'eau. Durée de l'expérience, $49^h 15^m$. $T = 15°$.

Poids de la poule à son entrée dans la cloche. $1623^{gr},5$

Poids de la poule à sa sortie de la cloche... $1597,0$

Perte de poids...... $26,5$

Composition du gaz à la fin de l'expérience.

Acide carbonique.... .	1,55
Hydrogène......... ...	0,62
Hydrog. protocarboné.	0,20
Oxygène............ ...	16,59
Azote....	81,04
	100,00

Excès de la pression finale sur la pression initiale. $0^{mm},2$

Poids de l'oxygène consommé.................... $87^{gr},452$

Poids de l'acide carbonique produit............ $123,113$

Poids de l'oxygène contenu dans l'acide carbonique. $89,537$

Poids de l'azote exhalé........ .... $0,948$

Rapport entre le poids de l'oxygène contenu dans l'acide carbonique et le poids de l'oxygène consommé...... $1,024$

Rapport entre le poids de l'azote exhalé et celui de l'oxygène consommé........ .... $0,0108$

Poids de l'oxygène consommé par heure........ $1^{gr},775$

Poids de l'oxygène consommé, en une heure, par
1 kilogramme de l'animal.................... $1^{gr},109$

51ᵉ *Expérience.*

La même poule C, au sortir de la cloche après l'expérience précédente, est restée trente heures sans manger; on l'introduit dans la cloche sans lui donner de nourriture. L'expérience dure $49^h 10^m$. $T = 23°$.

(156)

Poids de la poule à son entrée dans la cloche. 1599^{gr}
Poids de la poule à sa sortie de la cloche.... 1427

Perte de poids. 172

Composition du gaz à la fin de l'expérience.

Acide carbonique..... 0,48
Hydrogène. .... 0,10 ·
Hydrog. protocarboné. 0,12
Oxygène............. 24,30
Azote. 75,00

100,00

Excès de la pression finale sur la pression initiale... 0,0
Poids de l'oxygène consommé.................. 62^{gr},523
Poids de l'acide carbonique produit............ 60,792
Poids de l'oxygène contenu dans l'acide carbonique. 44,212
Poids de l'azote absorbé..................... 1,937
Rapport entre le poids de l'oxygène contenu dans l'acide
carbonique et le poids de l'oxygène consommé 0,707
Rapport entre le poids de l'azote absorbé et le poids de
l'oxygène consommé......................... 0,031

Poids de l'oxygène consommé par heure.... 1^{gr},269
Poids de l'oxygène consommé, en une heure,
par 1 kilogramme de l'animal......... 0^{gr},846

La poule était très-affaiblie au sortir de l'appareil, elle se tenait à peine sur ses pattes. On lui donna de la viande par petites portions ; le lendemain elle se trouva complétement rétablie ; on continua le régime de la viande pendant deux jours pour la préparer à l'expérience 52.

52e Expérience.

La même poule C, nourrie à la viande. On lui met dans la cloche de la viande cuite, dont elle mange une partie. Durée de l'expérience, 46^h 30^m. T = 20°.

Poids de l'animal à son entrée dans la cloche... 1699^{gr}
Poids de l'animal à sa sortie de la cloche..... 1588

Perte.... 111

Composition du gaz à la fin de l'expérience.

Acide carbonique.   0,94
Hydrogène protocarboné.   0,40
Oxygène.   21,55
Azote.   77,11
                                 ____
                                 100,00

Excès de la pression finale sur la pression initiale. — 1^{mm},1

Poids de l'oxygène consommé. . . . .   82,105^{gr}
Poids de l'acide carbonique produit.   86,610
Poids de l'oxygène contenu dans l'acide carbonique.   62,990
Poids de l'azote absorbé   1,521

Rapport entre le poids de l'oxygène contenu dans l'acide
carbonique et le poids de l'oxygène consommé.   0,767
Rapport entre le poids de l'azote et le poids de l'oxygène
consommé.   0,0185

Poids de l'oxygène consommé par heure. . . . .   1^{gr},766
Poids de l'oxygène consommé, en une heure, par
1 kilogramme de l'animal. . . . .   1^{gr},070

53e *Expérience.*

Jeune poule D, nourrie au grain.

Elle pèse, avant l'expérience. . . .   1021
Elle pèse, après l'expérience. . . .   1081
                                         ____
                      Gain.   60

Durée de l'expérience. . . . . 55^h 15^m.   T = 20

Composition du gaz à la fin de l'expérience.

Acide carbonique.   0,14
Hydrogène.   0,32
Hydrogène protocarboné.   0,25
Oxygène.   19,04
Azote.   80,25
                                 ____
                                 100,00

Excès de la pression finale sur la pression initiale..... o,o

Poids de l'oxygène consommé................... 83^{gr},585
Poids de l'acide carbonique produit............... 89,860
Poids de l'oxygène contenu dans l'acide carbonique. 65,353
Poids de l'azote exhalé...................... o,556

Rapport entre le poids de l'oxygène contenu dans l'acide
carbonique et le poids de l'oxygène consommé... . o,782
Rapport entre le poids de l'azote exhalé et le poids de
l'oxygène consommé......................... o,00664

Poids de l'oxygène consommé par heure....... 1^{gr},512
Poids de l'oxygène consommé, en une heure, par
1 kilogramme de l'animal................... 1^{gr},440

54e Expérience.

La même poule D, à jeun depuis vingt-quatre heures. On ne
lui donne pas de nourriture dans la cloche : l'animal y séjourne
soixante-deux heures.   T = 21°.

Poids de la poule à son entrée dans la cloche.   1030
Poids de la poule à sa sortie de la cloche....   875

Perte de poids.....   155

Composition du gaz à la fin de l'expérience.

Acide carbonique.......   o,3o
Oxygène..............   21,70
Azote................   78,oo

100,00

Excès de la pression finale sur la pression initiale. + 1^{mm},o

Poids de l'oxygène consommé................... 64^{gr},759
Poids de l'acide carbonique produit. 56,959
Poids de l'oxygène contenu dans l'acide carbonique 41,425
Poids de l'azote absorbé...................... o,493

Rapport entre le poids de l'oxygène contenu dans l'acide
carbonique et le poids de l'oxygène consommé..... o,639
Rapport entre le poids de l'azote absorbé et le poids
de l'oxygène consommé........................ o,0098

Poids de l'oxygène consommé par heure........ $1^{gr},041$

Poids de l'oxygène consommé, en une heure, par

1 kilogramme de l'animal............ .. $1^{gr},100$

55ᵉ *Expérience.*

La même poule D, après l'expérience 54, a été nourrie à la viande pendant plusieurs jours, puis elle a été remise dans la cloche avec de la viande cuite, à discrétion. Durée de l'expérience, 63^h45^m. $T = 20^\circ$.

Poids de l'animal à son entrée dans la cloche. 968^{gr}

Poids de l'animal à sa sortie de la cloche.... 864

Perte de poids..... 104

Composition du gaz à la fin de l'expérience.

Acide carbonique........	0,75
Hydrogène...	0,27
Oxygène....	19,13
Azote.....	79,85
	100,00

Excès de la pression finale sur la pression initiale.. $-7^{mm},6$

Poids de l'oxygène consommé................ $66,32_1$ gr

Poids de l'acide carbonique produit............ $57,164$

Poids de l'oxygène contenu dans l'acide carbonique. $41,574$

Poids de l'azote absorbé. ....:. $0,030$

Rapport entre le poids de l'oxygène contenu dans l'acide carbonique et le poids de l'oxygène consommé.. ... 0,636

Rapport entre le poids de l'azote absorbé et le poids de l'oxygène consommé... 0,00001

Poids de l'oxygène consommé par heure...... $1^{gr},332$

Poids de l'oxygène consommé, en une heure, par

1 kilogramme de l'animal..... .... $1^{gr},480$

56ᵉ *Expérience.*

La même poule D est restée au régime de la viande pendant deux jours; on l'a remise de nouveau dans l'appareil avec 112 grammes de viande, dont elle a mangé 91 grammes.

(160)

Elle pesait, avant l'expérience.. 951^{gr}
Elle pesait, après l'expérience.. 916

Perte..... 35

Durée de l'expérience........ 44^{h}15^m. T = 20°.

Composition du gaz à la fin de l'expérience.

Acide carbonique........ 0,78
Oxygène.............. 17,95
Azote............... 81,27

100,00

Excès de la pression finale sur la pression initiale... — 2^{mm},6

Poids de l'oxygène consommé..................... 66^{gr},321
Poids de l'acide carbonique produit............. 57,164
Poids de l'oxygène contenu dans l'acide carbonique. 41,574
Poids de l'azote exhalé. 0,906

Rapport entre le poids de l'oxygène contenu dans l'acide
carbonique et le poids de l'oxygène consommé..... 0,627
Rapport entre le poids de l'azote exhalé et le poids de
l'oxygène consommé...................... 1,367
Poids de l'oxygène consommé par heure..... 1^{gr},482
Poids de l'oxygène consommé, en une heure, par
1 kilogramme de l'animal.............. 1^{gr},593

57e *Expérience.*

La même poule D, après avoir été mise pendant plusieurs jours
au régime du grain, est soumise à une nouvelle expérience. On lui
donne, dans la cloche, de l'eau et de l'avoine dont elle mange
112 grammes. Durée de l'expérience, quarante-sept heures.
T = 22°.

Poids de l'animal à son entrée dans la cloche... 981^{gr}
Poids de l'animal à sa sortie de la cloche...... 1010

Gain........ 29

Composition du gaz à la fin de l'expérience.

Acide carbonique...	2,03
Hydrogène........	0,88
Oxygène........	16,76
Azote...........	80,33
	100,00

Excès de la pression finale sur la pression initiale. — $0^{mm},7$

Poids de l'oxygène consommé	$67^{gr},135$
Poids de l'acide carbonique produit............	80,440
Poids de l'oxygène contenu dans l'acide carbonique.	58,502
Poids de l'azote exhalé....................	0,553

Rapport entre le poids de l'oxygène contenu dans l'acide carbonique et le poids d'oxygène consommé........ 0,871

Rapport entre le poids de l'azote exhalé et le poids de l'oxygène consommé...................... 0,0082

Poids de l'oxygène consommé par heure....	$1^{gr},428$
Poids de l'oxygène consommé, en une heure, par 1 kilogramme de l'animal..........	$1^{gr},434$

58ᵉ *Expérience.*

La même poule D, nourrie pendant deux jours au pain, a été remise dans l'appareil ; on lui donne du pain et de l'eau. L'expérience dure $45^h 15^m$. T $= 19°$.

Poids de l'animal à son entrée dans la cloche.	1015^{gr}
Poids de l'animal à sa sortie de la cloche.....	972
Perte.........	43

Composition du gaz à la fin de l'expérience.

Acide carbonique.....	2,01
Hydrogène.........	0,14
Oxygène..........	16,55
Azote...	81,30
	100,00

Excès de la pression finale sur la pression initiale. — $1^{mm},0$

Poids de l'oxygène consommé.................. $67^{gr},181$
Poids de l'acide carbonique produit............ $90,201$
Poids de l'oxygène contenu dans l'acide carbonique. $65,601$
Poids de l'azote exhalé... .... $1,003$

Rapport entre le poids de l'oxygène contenu dans l'acide
  carbonique et le poids de l'oxygène consommé...... $0,976$
Rapport entre le poids de l'azote exhalé et le poids de
  l'oxygène consommé...................... $0,0149$

Poids de l'oxygène consommé par heure.. . $1^{gr},485$
Poids de l'oxygène consommé, en une heure,
  par 1 kilogramme de l'animal........... $1^{gr},494$

59ᵉ *Expérience*.

La même poule D, à l'inanition; après l'expérience 58, on l'a
laissée vingt-quatre heures sans manger, puis on l'a introduite de
nouveau dans la cloche, sans nourriture. L'expérience dure
$63^h\,15^m$; l'animal est très-affaibli au sortir de l'appareil; il se
tient à peine sur ses pattes; au bout de quelques jours, il est complétement rétabli. $T = 19^\circ$.

Poids de la poule avant l'expérience... 927^{gr}
Poids de la poule après l'expérience... 851
$\overline{}$
Perte......... 76

Composition du gaz à la fin de l'expérience.

Acide carbonique..... $0,91$
Oxygène..... .... $19,70$
Azote. .... $79,39$
$\overline{}$
$100,00$

Excès de la pression finale sur la pression initiale. — $2^{mm},5$

Poids de l'oxygène consommé................ $66^{gr},245$
Poids de l'acide carbonique produit........... $58,313$
Poids de l'oxyg. contenu dans l'acide carbonique. $42,409$
Poids de l'azote exhalé............ ... . $0,013$

Rapport entre le poids de l'oxygène contenu dans l'acide
 carbonique et le poids de l'oxygène consommé..... 0,640
Rapport entre le poids de l'azote exhalé et celui de
 l'oxygène consommé.......................... 0,00019
 Poids de l'oxygène consommé par heure... 1^{gr},047
 Poids de l'oxygène consommé, en une heure,
  par 1 kilogramme de l'animal........... 1^{gr},177

Les expériences 44, 45, 46, 47, 48, 49, 50, 53, 57 ont
été faites sur des poules nourries au grain. Dans toutes ces
expériences, il y a eu exhalation d'azote. Les poids de ce
gaz dégagé ont été les fractions suivantes du poids de
l'oxygène consommé :

N°s 44...........	0,0109	A
45..........	0,0039	A
47...........	0,0022	B
48...........	0,0117	C
49..........	0,0053	C
50..........	0,0108	C
53..........	0,0066	D
57..........	0,0082	D
Moyenne....	0,0075	

Le rapport entre le poids de l'oxygène contenu dans
l'acide carbonique produit, et le poids de l'oxygène consommé, a varié entre des limites plus étendues que pour les
mammifères soumis à un régime d'alimentation identique.
On a trouvé, en effet,

N°s 44...........	0,913	A
45..........	0,967	A
47..........	0,874	B
48..........	0,998	C
49..........	0,986	C
50..........	1,024	C
53..........	0,782	D
57..........	0,871	D
Moyenne.....	0,927	

En général, ce rapport a sa plus grande valeur dans les animaux qui prennent comparativement le plus de nourriture.

Le poids de l'oxygène consommé en une heure par 1 kilogramme de l'animal a été :

$$
\begin{array}{lll}
\text{N}^{\text{os}}\ 44\ldots\ldots\ldots\ldots & 1,058 & \text{A} \\
45\ldots\ldots\ldots\ldots & 1,057 & \text{A} \\
47\ldots\ldots\ldots\ldots & 0,935 & \text{B} \\
48\ldots\ldots\ldots\ldots & 1,084 & \text{C} \\
49\ldots\ldots\ldots\ldots & 1,067 & \text{C} \\
50\ldots\ldots\ldots\ldots & 1,109 & \text{C} \\
53\ldots\ldots\ldots\ldots & 1,440 & \text{D} \\
57\ldots\ldots\ldots\ldots & 1,434 & \text{D}
\end{array}
$$

La consommation d'oxygène a été la plus grande pour la poule D, dont le poids était le plus faible et qui était beaucoup plus jeune que les autres.

Dans l'expérience 46, la poule B était encore nourrie avec du grain, mais elle a été presque asphyxiée, par suite d'un accident survenu à l'appareil. Cette circonstance est, peut-être, la cause pour laquelle le rapport entre l'oxygène de l'acide carbonique et l'oxygène consommé est plus faible que dans les expériences que nous venons de citer.

Dans l'expérience 58, la poule D était nourrie avec du pain; sa respiration a présenté à peu près les mêmes circonstances que dans les expériences 53 et 57, où la même poule était nourrie avec de l'avoine. Le dégagement d'azote a été à peu près le même; la consommation d'oxygène, par heure, a été un peu plus forte, et le rapport entre le poids de l'oxygène contenu dans l'acide carbonique et le poids de l'oxygène consommé a été trouvé de 0,976, c'est-à-dire notablement plus grand que dans les expériences 53 et 57.

Les expériences 51, 54 et 59 se rapportent à des poules à l'état d'inanition. Dans l'expérience 59, il y a encore un dégagement d'azote, mais il est extrêmement faible, et de l'ordre des erreurs d'observation. Dans les deux autres, on a

(165)

trouvé, au contraire, une *absorption d'azote* très-notable : celle-ci a surtout été considérable dans l'expérience 51, où elle s'est élevée à 0,031 du poids de l'oxygène consommé. Le rapport entre le poids de l'oxygène contenu dans l'acide carbonique et le poids de l'oxygène consommé a été :

$$N^{os}\ 51\ldots\ldots\ldots\ \ 0,707\quad C$$
$$54\ldots\ldots\ldots\ \ 0,639\quad D$$
$$59\ldots\ldots\ldots\ \ 0,640\quad D$$

Ce rapport est donc beaucoup plus faible que dans les expériences où les poules étaient nourries avec du grain.

La consommation d'oxygène était aussi beaucoup plus petite pour les animaux à l'inanition : ainsi, la poule C à l'inanition n'a consommé que $1^{gr},269$, tandis qu'elle en consommait moyennement $1^{gr},692$ lorsqu'elle se nourrissait avec du grain. La poule D a consommé $1^{gr},045$ quand elle était à l'inanition, et $1^{gr},470$ quand elle était nourrie à l'avoine.

Les expériences 52, 55, 56 ont été faites sur des poules soumises au régime de la viande.

L'expérience 52 se rapporte à la poule C, nourrie à la viande, après avoir été à l'inanition dans l'expérience 51 qui avait suivi un régime ordinaire de grain.

L'expérience 55 a été faite sur la poule D, nourrie à la viande, après avoir été également à l'inanition dans l'expérience 54, qui a suivi un régime ordinaire de grain. L'expérience 56 a eu lieu sur la même poule D, dont on avait prolongé le régime de la viande.

Dans l'expérience 52, sur la poule C, on remarque une *absorption notable* d'azote ; elle s'élève à 0,0185 du poids de l'oxygène consommé. Dans l'expérience 54, sur la poule D, on remarque encore une absorption d'azote, mais celle-ci est extrêmement faible, et tombe entre les limites des erreurs d'observation. Enfin, dans l'expérience 56, il y a eu de l'azote exhalé en proportion aussi grande que lorsque l'animal était nourri avec du grain. Il est bon de remarquer que la poule C avait déterminé une absorption d'azote très-considérable (0,031) pendant son état d'inanition dans l'expérience 51, et que, pour la poule D à l'inanition (expérience 54), on a observé une absorption d'azote beaucoup plus faible (0,0098).

Les expériences 51, 54 et 52, 55, 56 semblent démontrer que, dans la respiration des poules à l'inanition, il y a, en général, *une absorption d'azote* qui peut s'élever jusqu'à 0,03 du poids de l'oxygène consommé; et que, lorsque les poules, après cet état d'inanition, sont soumises à un régime de viande, l'absorption d'azote continue encore pendant quelque temps, probablement jusqu'à ce que l'animal se soit habitué à ce nouveau régime; on observe alors de nouveau une exhalation d'azote (expérience 56), comme lorsque l'animal est soumis à son régime ordinaire de grain.

Le rapport entre le poids de l'oxygène contenu dans l'acide carbonique et le poids de l'oxygène consommé est :

$$
\begin{array}{lll}
\text{N}^{os}\ 52\dots\dots\dots & 0,767 & \text{C} \\
55\dots\dots\dots & 0,636 & \text{D} \\
56\dots\dots\dots & 0,627 & \text{C}
\end{array}
$$

Il est donc beaucoup plus faible que pour les mêmes animaux nourris avec du grain, et il est sensiblement le même que lorsqu'ils sont à l'inanition. Ce résultat ne doit pas surprendre; car, lorsque l'animal est à l'inanition, il ne fournit pour aliment à la respiration que sa propre substance, qui est de même nature que la chair dont il se nourrissait pendant son régime de viande.

La consommation d'oxygène par heure a été

Pour la poule C nourrie à la viande, de. $1,766^{\text{gr}}$

Pour la même poule à l'inanition.. .... $1,269$

Pour la même poule nourrie au grain... $1,710$

Pour la poule D nourrie à la viande.... 1,482 (56)
Pour la poule D à l'inanition... .... 1,044 (54)
Pour la poule D nourrie au grain...... 1,475 (53, 57, 58)

Ainsi, la consommation d'oxygène a été sensiblement la même lorsque les poules étaient nourries, à discrétion, avec du grain ou avec de la viande.

II. — Expériences sur des canards.

Nous avions pensé qu'aucun animal ne se prêterait mieux que le canard à l'étude des variations que subit la respiration, lorsqu'il est soumis à différents régimes d'alimentation, à cause de la facilité avec laquelle on peut gaver le canard d'une nourriture quelconque. L'animal que nous avions choisi était un jeune caneton de l'année, ayant l'air bien portant ; mais il se montra très-sauvage, et refusa même de manger. Nous fûmes obligés de lui entonner la nourriture, de force, tous les jours, car il n'en prenait pas spontanément. Il fut placé cinq fois dans la cloche, sous l'influence de divers systèmes d'alimentation, mais il dépérissait à vue d'œil, et il mourut quelques jours après la cinquième expérience, sans avoir voulu toucher à la nourriture qu'on avait mise à sa disposition. On nous a assuré que cet accident arrivait souvent aux jeunes canards que l'on sépare de leur couvée, et que l'on met dans l'isolement sans rien changer, d'ailleurs, à leur système alimentaire. Quoi qu'il en soit, les expériences que nous allons citer ne se rapportent pas à un canard dans l'état normal : l'animal était évidemment souffrant, et il est devenu de plus en plus malade à mesure qu'on le soumettait à de nouvelles expériences.

60ᵉ Expérience.

Canard, gavé avec du pain, de l'avoine et de l'eau.

Poids à son entrée dans la cloche. .. 1458ᵉʳ
Poids à sa sortie de la cloche...... .. 1307
                                            ————
Perte..... . 151

Durée de l'expérience, vingt-cinq heures.

Composition du gaz à la fin de l'expérience.

Acide carbonique..... 0,74

Oxygène............ 20,14

Azote 79,12
——————
100,00

Poids de l'oxygène consommé................. 64^{gr},196

Poids de l'acide carbonique produit........... 78,786

Poids de l'oxygène contenu dans l'acide carbonique. 57,299

Poids de l'azote exhalé.... 0,000

Rapport entre le poids de l'oxygène contenu dans l'acide carbonique et le poids de l'oxygène consommé....... 0,892

Rapport entre le poids de l'azote exhalé et celui de l'oxygène consommé................................. 0,000

Poids de l'oxygène consommé par heure.... 2^{gr},568

Poids de l'oxygène consommé, en une heure, par 1 kilogramme de l'animal.. 1,850

61e *Expérience.*

Le même canard a été gavé avec de la fécule et de l'eau. On l'a introduit dans la cloche trente-six heures après l'expérience précédente, et après lui avoir fait avaler une nouvelle quantité de fécule. Durée de l'expérience, 23^{h}45^m. Les excréments très-abondants qu'il a rendus renfermaient une grande quantité de fécule non altérée.

Poids de l'animal avant l'expérience.. 1448^{gr}

Poids de l'animal après l'expérience.. 1280
——————
Perte......... 168

Composition du gaz à la fin de l'expérience.

Acide carbonique..... 0,65

Oxygène.... 21,72

Azote............. 77,63
——————
100,00

Poids de l'oxygène consommé...................... 47,772^{gr}
Poids de l'acide carbonique produit............. 50,342
Poids de l'oxygène contenu dans l'acide carbonique. 36,612
Poids de l'azote absorbé....................... 0,674

Rapport entre le poids de l'oxygène contenu dans l'acide
carbonique et le poids de l'oxygène consommé...... 0,776
Rapport entre le poids de l'azote absorbé et celui de l'oxygène consommé................................ 0,0141

Poids de l'oxygène consommé par heure... 2^{gr},011
Poids de l'oxygène consommé, en une heure,
par 1 kilogramme de l'animal .... 1^{gr},474

62ᵉ *Expérience.*

Le même canard, à l'inanition ; au sortir de l'expérience 61,
le canard reste trente heures sans recevoir de nourriture, et,
comme il n'avait pas mangé pendant cette dernière expérience,
il n'avait pas reçu de nourriture depuis cinquante-quatre heures.
L'expérience a duré 38^h 15^m.

Poids de l'animal à son entrée dans la cloche... 1265^{gr}
Poids de l'animal à sa sortie de la cloche....... 1175

Perte 90

Composition du gaz à la fin de l'expérience.

Acide carbonique..... 0,60
Oxygène............ 21,76
Azote............. 77,64

100,00

Poids de l'oxygène consommé... .... 64,487^{gr}
Poids de l'acide carbonique produit............ 61,478
Poids de l'oxygène contenu dans l'acide carbonique. 44,711
Poids de l'azote absorbé...................... 0,711

Rapport entre le poids de l'oxygène contenu dans l'acide
carbonique et le poids de l'oxygène consommé..... 0,693
Rapport entre le poids de l'azote absorbé et celui de
l'oxygène consommé............................ 0,0110

R.

Poids de l'oxygène consommé par heure.... $1^{gr},686$

Poids de l'oxygène consommé , en une heure,
par 1 kilogramme de l'animal.......... $1^{gr},382$

63ᵉ *Expérience.*

Le même canard est gavé pendant deux jours avec de la **viande**,
on le remet ensuite dans l'appareil après lui en avoir donné une
forte ration L'expérience dure vingt-cinq heures.

Poids de l'animal avant l'expérience . 1426^{gr}
Poids de l'animal après l'expérience.. 1356

Perte...... 70

Composition du gaz à la fin de l'expérience.

Acide carbonique..... $1,47$
Hydrogène. .... $0,82$
Oxygène. .... $19,49$
Azote.. . ... $78,22$

$100,00$

Poids de l'oxygène consommé................ $65^{gr},439$
Poids de l'acide carbonique produit........... $66,374$
Poids de l'oxyg. contenu dans l'acide carbonique... $48,272$
Poids de l'azote absorbé......... .... $0,425$

Rapport entre le poids de l'oxygène contenu dans l'acide
carbonique et le poids de l'oxygène consommé...... $0,738$

Rapport entre le poids de l'azote absorbé et celui de
l'oxygène consommé...................... ..... $0,0065$

Poids de l'oxygène consommé par heure ... $2^{gr},617$

Poids de l'oxygène consommé, en une heure,
par 1 kilogramme de l'animal.......... $1^{gr},882$

64ᵉ *Expérience.*

Le même canard a été gavé pendant deux jours avec de la graisse
de mouton ; on lui en fait avaler une nouvelle portion avant de
l'introduire dans la cloche. L'animal paraît très-souffrant. Au
sortir de la cloche, on le remet à son régime ordinaire, mais il
refuse de manger et il meurt quelques jours après. Il pesait, avant
l'expérience, 1133 grammes. L'expérience dure $36^h 45^m$.

Composition du gaz à la fin de l'expérience.

Acide carbonique..... 0,72
Oxygène............ 21,80
Azote.............. 77,48
———
100,00

Poids de l'oxygène consommé................. 63^{gr},438
Poids de l'acide carbonique produit........... 54,392
Poids de l'oxygène contenu dans l'acide carbonique. 39,558
Poids de l'azote absorbé.................... 0,788

Rapport entre le poids de l'oxygène contenu dans l'acide carbonique et le poids de l'oxygène consommé...... 0,623

Rapport entre le poids de l'azote absorbé et le poids de l'oxygène consommé......................... 0,0124

Poids de l'oxygène consommé par heure.... 1^{gr},726

Poids de l'oxygène consommé, en une heure, par 1 kilogramme de l'animal........... 1^{gr},527

L'expérience 60 a été faite sur le canard gavé avec du pain, de l'avoine et de l'eau; il n'y a eu ni azote exhalé, ni azote absorbé. Le rapport entre l'oxygène contenu dans l'acide carbonique et l'oxygène consommé a été de 0,892, c'est-à-dire analogue à celui que nous avons trouvé dans quelques expériences sur des poules soumises à la même alimentation. Le poids de l'oxygène consommé par heure a été de 2^{gr},568, par conséquent notablement plus grand que celui qui était employé par les poules d'un poids à peu près égal.

Dans l'expérience 61, le canard était gavé avec de la fécule de pomme de terre; il y eut une absorption d'azote notable, car le poids de l'azote absorbé est les 0,0141 du poids de l'oxygène consommé. Le rapport entre le poids de l'oxygène contenu dans l'acide carbonique exhalé et le poids de l'oxygène consommé n'est plus que de 0,776, c'est-à-dire notablement plus faible que dans l'expérience 60; enfin le poids de l'oxygène consommé moyennement par heure est plus faible, aussi, que dans l'expérience 60, car il n'est plus que de 2^{gr},011.

Dans l'expérience 62, le canard était à l'inanition ; on ne lui avait pas donné de nourriture depuis cinquante-quatre heures. Il y eut encore de l'azote absorbé, dont le poids formait les 0,0110 du poids de l'oxygène consommé. Le rapport entre le poids de l'oxygène contenu dans l'acide carbonique exhalé et le poids de l'oxygène consommé est beaucoup plus faible que dans l'expérience 61, car il n'est plus que de 0,693 ; la valeur de ce rapport s'approche de celle que nous avons trouvée pour les poules soumises à l'inanition. La consommation d'oxygène par heure n'a été que de 1^{gr},686.

Depuis l'expérience 62, le canard a été gavé pendant deux jours avec de la viande ; on l'a introduit dans l'appareil pour l'expérience 63, après lui avoir donné une forte ration de viande. Il y a encore eu une absorption notable d'azote qui s'est élevée à 0,0065 du poids de l'oxygène consommé. Le rapport entre le poids de l'oxygène contenu dans l'acide carbonique exhalé et le poids de l'oxygène consommé s'est élevé à 0,738 ; il est un peu plus fort que celui qui a été trouvé dans l'expérience 62 sur le canard à l'inanition ; mais la différence est assez faible pour que nous puissions admettre la même conclusion que pour les poules, savoir, que ce rapport est sensiblement le même pour les animaux soumis au régime de la viande que pour les animaux à l'inanition.

Le poids de l'oxygène consommé par heure a été beaucoup plus grand que dans les expériences 61 et 62, et il est à peu près le même que dans l'expérience 60 où l'animal était au régime du grain.

Après l'expérience 63, le canard fut gavé pendant deux jours exclusivement avec de la graisse de mouton et de l'eau, et on l'introduisit dans l'appareil après lui en avoir fait prendre une nouvelle portion. L'animal parut très-souffrant de ce régime ; ses plumes se hérissèrent et il resta couché pendant toute l'expérience. Il y eut encore absorption d'azote, et le poids du gaz absorbé fut les 0,0124 du poids de l'oxygène consommé.

Le rapport entre le poids de l'oxygène contenu dans l'acide carbonique et le poids de l'oxygène consommé n'est que de 0,623, c'est-à-dire plus faible que dans l'expérience 62 où l'animal était à l'inanition. La consommation de l'oxygène par heure a été, à peu près, la même que dans cette dernière expérience.

III. — Expériences sur de petits oiseaux.

Les expériences qui suivent ont été faites dans le petit appareil, *Pl. IV, fig.* 2, décrit page 27. L'oxygène destiné à maintenir constante la composition de l'air dans l'espace où séjournaient les animaux, était renfermé dans une pipette dont il était chassé par une dissolution concentrée de chlorure de calcium.

65ᵉ *Expérience.*

Un verdier pesant 25 grammes (30 octobre). Durée de l'expérience, $6^h 20^m$. $T = 17°$.

Composition du gaz à la fin de l'expérience.

Acide carbonique.....	2,13
Oxygène...........	7,39
Azote.............	90,48
	100,00

Excès de la pression finale sur la pression initiale. — $1^{mm},1$

Poids de l'oxygène consommé.................. $2,051^{gr}$

Poids de l'acide carbonique produit 2,140

Poids de l'oxygène contenu dans l'acide carbonique. 1,556

Poids de l'azote exhalé...... 0,082

Rapport entre le poids de l'oxygène contenu dans l'acide carbonique et le poids de l'oxygène consommé...... 0,760

Rapport entre le poids de l'azote exhalé et celui de l'oxygène consommé 0,040

Poids de l'oxygène consommé par heure.... 0^{gr},325
Poids de l'oxygène consommé, en une heure,
par 1 kilogramme de l'animal......... 13^{gr},000

66e Expérience.

Le même verdier que dans l'expérience 65, pesant 25 grammes (4 novembre). Durée de l'expérience, 7^h 55^m.

Composition du gaz à la fin de l'expérience.

Acide carbonique.....   0,61
Oxygène............   19,50
Azote.   79,89
                       ———
                       100,00

Poids de l'oxygène consommé. 1,926
Poids de l'acide carbonique produit........... 1,829
Poids de l'oxygène contenu dans l'acide carbonique. 1,330
Poids de l'azote exhalé.... 0,006

Rapport entre le poids de l'oxygène contenu dans l'acide carbonique et le poids de l'oxygène consommé...... 0,690
Rapport entre le poids de l'azote exhalé et le poids de l'oxygène consommé......................... 0,0032

Poids de l'oxygène consommé par heure.... 0^{gr},244
Poids de l'oxygène consommé, en une heure,
par 1 kilogramme de l'animal.. .... 9^{gr},742

67e Expérience.

Un bec-croisé pesant 28^{gr},6 (1er novembre). Durée de l'expérience, 6^h 10^m. T = 17°.

Composition du gaz à la fin de l'expérience.

Acide carbonique.....   0,77
Oxygène............   20,21
Azote..............   79,02
                       ———
                       100,00

Excès de la pression finale sur la pression initiale   0,0

Poids de l'oxygène consommé . . . .   1,937 gr

Poids de l'acide carbonique produit.   2,122

Poids de l'oxygène contenu dans l'acide carbonique.   1,543

Poids de l'azote exhalé.   0,000

Rapport entre le poids de l'oxygène contenu dans l'acide carbonique et le poids de l'oxygène consommé.   0,796

Rapport entre le poids de l'azote exhalé et celui de l'oxygène consommé.   0,000

Poids de l'oxygène consommé par heure. . . .   0gr,314

Poids de l'oxygène consommé, en une heure, par 1 kilogramme de l'animal. 10gr,974

68e Expérience.

Un moineau pesant 22 grammes. Durée de l'expérience, 9h 6m. T = 18°.

Composition du gaz à la fin de l'expérience.

Acide carbonique.   0,59

Oxygène.   19,27

Azote.   80,14
____

100,00

Poids de l'oxygène consommé. . . . .   1,919 gr

Poids de l'acide carbonique produit.   2,098

Poids de l'oxygène contenu dans l'acide carbonique.   1,526

Poids de l'azote exhalé.   0,018

Rapport entre le poids de l'oxygène contenu dans l'acide carbonique et le poids de l'oxygène consommé.   0,795

Rapport entre le poids de l'azote exhalé et celui de l'oxygène consommé.   0,0093

Poids de l'oxygène consommé par heure. . . .   0gr,211

Poids de l'oxygène consommé, en une heure, par 1 kilogramme de l'animal. 9gr,595

69e Expérience.

Un jeune verdier pesant 17gr,5 (19 novembre). Durée de l'expérience, huit heures. T = 16°,2.

Composition du gaz à la fin de l'expérience.

$$
\begin{array}{ll}
\text{Acide carbonique.....} & 1,00 \\
\text{Oxygène...........} & 18,90 \\
\text{Azote ....} & 80,10 \\
\hline
 & 100,00
\end{array}
$$

Poids de l'oxygène consommé.................. 1,968[gr]

Poids de l'acide carbonique produit............ 1,961

Poids de l'oxygène contenu dans l'acide carbonique. 1,426

Poids de l'azote exhalé..................... 0,008

Rapport entre le poids de l'oxygène contenu dans l'acide carbonique et le poids de l'oxygène consommé...... 0,724

Rapport entre le poids de l'azote exhalé et celui de l'oxygène consommé 0,0040

Poids de l'oxygène consommé par heure.... 0[gr],246

Poids de l'oxygène consommé, en une heure, par 1 kilogramme de l'animal........... 14[gr],057

———— ————

Ces expériences sur les petits oiseaux ont été faites dans l'arrière-saison, pendant le mois de novembre ; néanmoins on a observé, dans toutes, un dégagement d'azote. Dans la 65e expérience, ce dégagement a été plus considérable que nous ne l'avions encore trouvé jusqu'ici, car le gaz azote exhalé forme les 0,04 de l'oxygène consommé.

Le rapport entre le poids de l'oxygène contenu dans l'acide carbonique et celui de l'oxygène consommé a été :

$$
\begin{array}{lll}
65 & \text{Pour le verdier........} & 0,760 \\
66. & \text{Pour le même verdier...} & 0,690 \\
67. & \text{Pour le bec-croisé......} & 0,796 \\
68. & \text{Pour le moineau......} & 0,795 \\
69. & \text{Pour le jeune verdier ...} & 0,724
\end{array}
$$

Il a varié de 0,7 à 0,8 environ. La détermination précise de ce rapport pour les petits oiseaux dans leur état normal présente de grandes difficultés; les oiseaux sur lesquels nous avons opéré étaient farouches, et ne se nourrissaient plus comme lorsqu'ils sont en liberté.

Nous avions principalement entrepris ces expériences pour comparer les quantités d'oxygène consommées, à poids égaux, par ces petits oiseaux, et par des oiseaux plus gros, tels que les poules. Or, nous observons ici un fait très-remarquable : tandis que les poules consommaient par heure, pour un poids de 1 kilogramme, de 1 gramme à $1^{gr},6$ d'oxygène; les petits oiseaux, rapportés au même poids, ont consommé :

65.	Le verdier	$13^{gr},00$
66.	Le même verdier	9,74
67.	Le bec-croisé	10,97
68.	Le moineau	9,59
69.	Le jeune verdier	14,06

C'est-à-dire, *des poids près de dix fois plus considérables*. On conçoit qu'il doit en être ainsi, pour que ces petits animaux puissent conserver une température égale à celle des oiseaux plus gros; les causes refroidissantes agissant sur eux beaucoup plus efficacement, à cause de la petitesse de leur masse.

EXPÉRIENCES SUR LES REPTILES.

I. — Expériences sur les grenouilles et les salamandres terrestres.

Nous avons fait un assez grand nombre d'expériences sur la respiration des grenouilles dans le petit appareil, *Pl. IV, fig.* 2, que nous avons décrit (page 27). Nous avons opéré, tantôt sur des grenouilles intactes, tantôt sur des grenouilles prises dans des circonstances identiques, mais auxquelles on avait enlevé les poumons, en évitant, autant que possible, l'hémorragie qui aurait pu compliquer le résultat de nos expériences. M. Bernard, dont l'habileté est bien connue de tous les physiologistes, pratiquait cette opération sur les grenouilles, une demi-heure environ avant de les introduire dans notre appareil.

70ᵉ *Expérience.*

Cinq grenouilles pesant 287 grammes. Durée de l'expérience, 30ʰ 10ᵐ.   T = 15°.

Composition du gaz à la fin de l'expérience.

Acide carbonique.....	0,18
Oxygène............	20,81
Azote..............	79,01
	100,00

Excès de la pression finale sur la pression initiale.

Poids de l'oxygène consommé.................	^{gr}0,547
Poids de l'acide carbonique produit............	0,548
Poids de l'oxygène contenu dans l'acide carbonique.	0,398
Poids de l'azote absorbé.....................	0,0005

Rapport entre le poids de l'oxygène contenu dans l'acide carbonique et le poids de l'oxygène consommé 0,729

Rapport entre le poids de l'azote absorbé et celui de l'oxygène consommé 0,0009

Poids de l'oxygène consommé par heure..... 0ᵍʳ,0181

Poids de l'oxygène consommé, en une heure, par 1 kilogramme de l'animal........... 0ᵍʳ,063

71ᵉ *Expérience.*

Cinq grenouilles pesant 230 grammes. Durée de l'expérience, 8ʰ 45ᵐ.   T = 16°,6.

Composition du gaz à la fin de l'expérience.

Acide carbonique.....	0,22
Oxygène..........	21,50
Azote............	78,28
	100,00

Excès de la pression finale sur la pression initiale.   0,0

Poids de l'oxygène consommé...................   0,179 ^{gr}
Poids de l'acide carbonique produit.............   0,172
Poids de l'oxygène contenu dans l'acide carbonique.   0,1250
Poids de l'azote absorbé.......................   0,0035

Rapport entre le poids de l'oxygène contenu dans l'acide
carbonique et le poids de l'oxygène consommé.....   0,698
Rapport entre le poids de l'azote absorbé et celui de l'oxygène consommé.............................   0,0020

   Poids de l'oxygène consommé par heure....   0^{gr},0205
   Poids de l'oxygène consommé, en une heure,
   par 1 kilogramme de l'animal... .....   0^{gr},089

72e Expérience.

Quatre grenouilles pesant 243 grammes. Durée de l'expérience, 7^h 35^m.

Composition du gaz à la fin de l'expérience.

   Acide carbonique.....   0,23
   Oxygène   19,89
   Azote..............   79,88
                         ————
                         100,00

Poids de l'oxygène consommé................   0,187 ^{gr}
Poids de l'acide carbonique produit.............   0,203
Poids de l'oxygène contenu dans l'acide carbonique.   0,1476
Poids de l'azote exhalé.......................   0,000

Rapport entre le poids de l'oxygène contenu dans l'acide
carbonique et le poids de l'oxygène consommé......   0,786
Rapport entre le poids de l'azote exhalé et celui de l'oxygène consommé.............................   0,0000

   Poids de l'oxygène consommé par heure....   0^{gr},025
   Poids de l'oxygène consommé, en une heure,
   par 1 kilogramme de l'animal..........   0^{gr},103

73e Expérience.

Deux grenouilles pesant 127^{gr},5. Durée de l'expérience. 13^{h}40^m. T = 19°.

Composition du gaz à la fin de l'expérience.

$$
\begin{array}{ll}
\text{Acide carbonique} \ldots \ldots & 0,32 \\
\text{Oxygène} \ldots \ldots \ldots & 19,80 \\
\text{Azote} \ldots \ldots \ldots & 79,88 \\
\hline
& 100,00
\end{array}
$$

Excès de la pression finale sur la pression initiale.   0,0

Poids de l'oxygène consommé. . . . .   0,184 gr

Poids de l'acide carbonique produit.   0,190

Poids de l'oxygène contenu dans l'acide carbonique.   0,138

Poids de l'azote exhalé   0,002

Rapport entre le poids de l'oxygène contenu dans l'acide carbonique et le poids de l'oxygène consommé.   0,750

Rapport entre le poids de l'azote exhalé et le poids de l'oxygène consommé.   0,0108

Poids de l'oxygène consommé par heure. . . .   0^{gr},0134

Poids de l'oxygène consommé, en une heure, par 1 kilogramme de l'animal. . . . .   0^{gr},105

74e *Expérience.*

Deux grenouilles pesant 185 grammes, auxquelles ou a coupé les poumons. Durée de l'expérience, vingt heures.   T $= 17^o$. Les grenouilles sont sorties de l'appareil, parfaitement vivantes.

Composition du gaz à la fin de l'expérience.

$$
\begin{array}{ll}
\text{Acide carbonique} \ldots \ldots & 0,30 \\
\text{Oxygène} \ldots \ldots \ldots & 19,65 \\
\text{Azote} \ldots \ldots \ldots & 80,05 \\
\hline
& 100,00
\end{array}
$$

Excès de la pression finale sur la pression initiale. $- 3^{mm}$,2

Poids de l'oxygène consommé. . . . .   0,174 gr

Poids de l'acide carbonique produit.   0,183

Poids de l'oxygène contenu dans l'acide carbonique.   0,133

Poids de l'azote exhalé.   0,0024

Rapport entre le poids de l'oxygène contenu dans l'acide
carbonique et le poids de l'oxygène consommé...... 0,765
Rapport entre le poids de l'azote exhalé et celui de l'oxygène consommé................................... 0,013

    Poids de l'oxygène consommé par heure..... 0^{gr},0087
    Poids de l'oxygène consommé, en une heure,
    par 1 kilogramme de l'animal.......... 0^{gr},047

75e *Expérience.*

Deux grenouilles pesant 140 grammes. Durée de l'expérience,
vingt heures.   T = 17°.

Composition du gaz à la fin de l'expérience.

    Acide carbonique..... 0,26
    Oxygène........... 19,82
    Azote............. 79,92
                  100,00

Excès de la pression finale sur la pression initiale.   0,0

Poids de l'oxygène consommé................... 0^{kr},1763
Poids de l'acide carbonique produit............ 0,1720
Poids de l'oxygène contenu dans l'acide carbonique.   0,1251
Poids de l'azote exhalé. 0,0009

Rapport entre le poids de l'oxygène contenu dans l'acide
carbonique et le poids de l'oxygène consommé...... 0,709
Rapport entre le poids de l'azote exhalé et le poids de
l'oxygène consommé............................. 0,0051

    Poids de l'oxygène consommé par heure.... 0^{gr},0088
    Poids de l'oxygène consommé, en une heure,
    par 1 kilogramme de l'animal.......... 0^{gr},063

76e *Expérience.*

Deux grenouilles pesant 115 grammes, auxquelles on a coupe
les poumons. Durée de l'expérience, $22^h 40^m$.   T = 21°.

Composition du gaz à la fin de l'expérience.

    Acide carbonique..... 0,23
    Oxygène........... 19,70
    Azote............. 80,07
                  100,00

Excès de la pression finale sur la pression initiale. — $1^{mm},5$

Poids de l'oxygène consommé.................... $0,171$ ^{gr}

Poids de l'acide carbonique produit.............. $0,187$

Poids de l'oxygène contenu dans l'acide carbonique. $0,136$

Poids de l'azote exhalé...................... $0,0018$

Rapport entre le poids de l'oxygène contenu dans l'acide carbonique et le poids de l'oxygène consommé...... $0,795$

Rapport entre le poids de l'azote exhalé et le poids de l'oxygène consommé........................... $0,0105$

Poids de l'oxygène consommé par heure.... $0^{gr},0075$

Poids de l'oxygène consommé, en une heure, par 1 kilogramme de l'animal.......... $0^{gr},066$

77ᵉ *Expérience.*

Neuf salamandres pesant 189 grammes (13 octobre). Durée de l'expérience, $23^h 10^m$. $T = 18°,4$.

Composition du gaz à la fin de l'expérience.

Acide carbonique..... $0,27$

Oxygène............ $20,50$

Azote. .... $\underline{79,23}$

$100,00$

Excès de la pression finale sur la pression initiale. $1^{mm},4$

Poids de l'oxygène consommé.................... $0,361$ ^{gr}

Poids de l'acide carbonique produit............. $0,408$

Poids de l'oxygène contenu dans l'acide carbonique. $0,297$

Poids de l'azote exhalé...................... $0,000$

Rapport entre le poids de l'oxygène contenu dans l'acide carbonique et le poids de l'oxygène consommé...... $0,824$

Rapport entre le poids de l'azote exhalé et celui de l'oxygène consommé............................... $0,0000$

Poids de l'oxygène consommé par heure.... $0^{gr},016$

Poids de l'oxygène consommé, en une heure, par 1 kilogramme de l'animal.......... $0^{gr},085$

Dans ces expériences sur les grenouilles, nous remarquons, tantôt un faible dégagement, tantôt une petite absorption d'azote ; mais il est difficile d'en répondre, parce qu'on opère ici sur des quantités très-petites de gaz, et qu'on ne peut plus atteindre la même précision que lorsqu'on opère sur des animaux dont la respiration est plus énergique.

Le rapport entre l'oxygène contenu dans l'acide carbonique et l'oxygène consommé a été :

		gr
70.	Grenouilles entières...........	0,729
71.	*Idem*...................	0,698
72.	*Idem*...................	0,786
73.	*Idem*...................	0,750
74.	Grenouilles sans poumons...	0,765
75.	Grenouilles intactes.........	0,709
76.	Grenouilles sans poumons...	0,795

Il a donc varié de 0,7 à 0,8, et il a été le même pour les grenouilles sans poumons que pour les grenouilles intactes.

Le poids de l'oxygène consommé, par heure, pour 1 kilogramme de l'animal, a été :

		gr
70.	Grenouilles intactes.........	0,063
71.	*Idem*...................	0,089
72.	*Idem*...................	0,103
73.	*Idem*...................	0,105
74.	Grenouilles sans poumons...	0,047
75.	Grenouilles intactes.........	0,063
76.	Grenouilles sans poumons...	0,066

La consommation d'oxygène a donc été très-variable, même pour les grenouilles intactes. Il est probable que la respiration de ces animaux est très-irrégulière, et qu'elle dépend beaucoup du temps qui s'est écoulé entre le moment où on les a pêchés et celui où on les soumet aux expériences, car ils ne prennent plus de nourriture lorsqu'ils sont captifs. Il est à présumer aussi que leur respiration n'est pas la même dans les diverses saisons.

La respiration des grenouilles privées de poumons a été, à peu près, aussi abondante que celle des grenouilles intactes, et les proportions des gaz inhalés et exhalés sont restées sensiblement les mêmes. Ce résultat fait supposer que la respiration des batraciens se fait principalement par la peau, opinion qui a déjà été émise par plusieurs physiologistes, d'après des expériences d'un autre genre.

La respiration des salamandres présente la plus grande analogie avec celle des grenouilles; la quantité d'oxygène consommée dans des temps égaux est, à peu près, la même quand on la rapporte à des poids égaux de ces animaux. Le rapport entre le poids de l'oxygène contenu dans l'acide carbonique exhalé et le poids de l'oxygène total consommé, a été trouvé un peu plus fort pour les salamandres que pour les grenouilles.

II. — EXPÉRIENCES SUR DES LÉZARDS.

Nous avons fait quelques expériences sur la respiration des lézards verts dans le petit appareil, *Pl. IV*, *fig.* 2. Les lézards nous furent donnés, au mois de mars, par M. Bodement, jeune naturaliste qui s'occupe depuis longtemps d'études sur le développement de ces animaux. Ils étaient encore engourdis au moment où ils nous furent remis, mais ils se réveillaient facilement quand on les mettait au soleil. La première expérience fut commencée le 21 mars sur les lézards complétement engourdis; ils ne se réveillèrent pas pendant toute la durée de leur séjour dans l'appareil. Dans la deuxième expérience, les animaux n'étaient pas complétement engourdis; ils ouvraient fréquemment les yeux, et s'agitaient quand on les prenait avec la main. Enfin, la troisième expérience a été faite, le 15 mai, sur les lézards éveillés depuis près d'un mois et nourris avec du lait; ils étaient très-vifs, surtout lorsqu'on les mettait au soleil.

78ᵉ *Expérience*.

Trois lézards endormis pesant ensemble 68^{gr},5. Durée de l'expérience, 138^h 45^m (21 mars 1848). T = 7°,3.

Composition du gaz à la fin de l'expérience.

Acide carbonique..... 0,00
Oxygène............... 11,75
Azote............... 88,25
____
100,00

Excès de la pression finale sur la pression initiale. — 1^{mm},15

Poids de l'oxygène consommé.................... 0,2338 ^{gr}
Poids de l'acide carbonique produit.............. 0,2358
Poids de l'oxygène contenu dans l'acide carbonique. 0,1715
Poids de l'azote exhalé......................... 0,0545

Rapport entre le poids de l'oxygène contenu dans l'acide carbonique et le poids de l'oxygène consommé...... 0,733
Rapport entre le poids de l'azote exhalé et celui de l'oxygène consommé.................................... 0,233
Poids de l'oxygène consommé par heure......... 0^{gr},001685
Poids de l'oxygène consommé, en une heure, par 1 kilogramme de l'animal..................... 0^{gr},0246

79ᵉ *Expérience*.

Deux lézards pesant ensemble 42 grammes. Durée de l'expérience, 71^h 30^m (31 mars). T = 14°,8.

Composition du gaz à la fin de l'expérience.

Acide carbonique..... 0,00
Oxygène............... 18,20
Azote............... 81,80
____
100,00

Excès de la pression finale sur la pression initiale. — 15^{mm},9

Poids de l'oxygène consommé.................... 0,194 ^{gr}
Poids de l'acide carbonique produit.............. 0,192
Poids de l'oxygène contenu dans l'acide carbonique.. 0,139
Poids de l'azote exhalé......................... 0,0057

R.   13

Rapport entre le poids de l'oxygène contenu dans l'acide
carbonique et le poids de l'oxygène consommé...... 0,717
Rapport entre le poids de l'azote exhalé et celui de l'oxygène consommé.. 0,0295
Poids de l'oxygène consommé par heure...... .. 0^{gr},00271
Poids de l'oxygène consommé, en une heure, par
1 kilogramme de l'animal.................... 0^{gr},0646

80e Expérience.

Trois lézards pesant 62 grammes. Durée de l'expérience,
29^h 40^m (15 mai). T = 23°,4.

Composition du gaz à la fin de l'expérience.

Acide carbonique.....   0,16
Oxygène........... 19,00
Azote............. 80,84
                   ____
                   100,00

Excès de la pression finale sur la pression initiale. — 8^{mm},76
Poids de l'oxygène consommé................... 0,352
Poids de l'acide carbonique produit............. 0,364
Poids de l'oxygène contenu dans l'acide carbonique. 0,264
Poids de l'azote exhalé........................ 0,0046
Rapport entre le poids de l'oxygène contenu dans l'acide
carbonique et le poids de l'oxygène consommé...... 0,752
Rapport entre le poids de l'azote exhalé et celui de l'oxy-
gène consommé................................... 0,0130
Poids de l'oxygène consommé par heure... 0^{gr},0119
Poids de l'oxygène consommé, en une heure,
par 1 kilogramme de l'animal......... 0^{gr},1916

Dans l'expérience 78 faite sur les lézards complétement
engourdis, on remarque un dégagement énorme d'azote,
puisqu'il forme les 0,23 de l'oxygène consommé. Nous
n'oserons pas affirmer que cela ne tient pas à une erreur
de l'expérience; cette erreur a pu se présenter facilement

dans cette expérience qui a duré six jours entiers, pour une très-faible consommation d'oxygène. Malheureusement, nous n'avons pu la répéter, parce que la saison était trop avancée pour que nous ayons pu nous procurer des lézards endormis. Dans les expériences 79 et 80, le dégagement d'azote a été faible.

Le rapport entre le poids de l'oxygène contenu dans l'acide carbonique et celui de l'oxygène total consommé a été :

78.	Sur les lézards engourdis............	$0^{gr},733$
79.	Sur les lézards incomplétement éveillés..	$0,717$
80.	Sur les lézards entièrement éveillés.....	$0,752$

C'est-à-dire sensiblement le même. Mais la quantité d'oxygène consommé, en une heure, par 1 kilogramme de ces animaux, a été environ huit fois plus faible chez les lézards engourdis que chez ces mêmes animaux complétement éveillés. On a trouvé, en effet, pour cette consommation d'oxygène :

78.	Sur les lézards engourdis	$0^{gr},0246$
79.	Sur les lézards incomplétement éveillés.	$0,0646$
80.	Sur les lézards parfaitement éveillés...	$0,1916$

A poids égaux, les lézards éveillés consomment deux à trois fois plus d'oxygène que les grenouilles.

EXPÉRIENCES SUR LA RESPIRATION DES INSECTES.

La respiration des insectes a été étudiée dans le petit appareil, *Pl. IV, fig.* 2. Nos expériences ont porté sur les hannetons, les vers à soie et leurs chrysalides, et sur les vers de terre.

Nous nous proposions d'étudier, d'une manière spéciale, la respiration des vers à soie, dans leurs diverses périodes de développement et leurs métamorphoses successives. M. Péligot, qui s'occupait d'études chimiques sur la nutrition et le développement de ces animaux, avait mis à notre disposition une partie de l'éducation de vers qu'il avait entreprise. Malheureusement, au milieu de nos expériences (juillet 1848), une mortalité très-considérable survint, tout à coup, parmi ces insectes : la plupart de ceux que nous avions chez nous périrent, et il en fut de même de ceux que M. Péligot destinait à ses propres expériences. Nous fûmes obligés de laisser nos recherches incomplètes, et nous ne parvînmes même pas à faire sur les papillons de vers à soie l'expérience qui manquait pour compléter l'étude de la respiration de ces animaux dans leurs diverses métamorphoses.

La respiration des chrysalides étant d'une lenteur extrême, nous n'avons pas jugé à propos de leur fournir d'oxygène pour remplacer celui qui était absorbé ou transformé en acide carbonique; nous avons supprimé l'appareil à potasse destiné à absorber l'acide carbonique, et nous nous sommes bornés à analyser l'air au milieu duquel les chrysalides avaient séjourné pendant plusieurs heures.

I. — Expériences sur les hannetons.

81ᵉ Expérience.

Quarante hannetons pesant 40^{gr},3. Durée de l'expérience, 8^h 5^m.

Composition du gaz à la fin de l'expérience.

Acide carbonique.....	0,33
Oxygène...........	20,59
Azote	79,08
	100,00

Poids de l'oxygène consommé................ 0,351^{gr}

Poids de l'acide carbonique produit............ 0,382

Poids de l'oxygène contenu dans l'acide carbonique. 0,278

Poids de l'azote absorbé................ 0,0023

Rapport entre le poids de l'oxygène contenu dans l'acide carbonique et le poids de l'oxygène consommé...... 0,791

Rapport entre le poids de l'azote absorbé et celui de l'oxygène consommé.................................. 0,0066

Poids de l'oxygène consommé par heure..... $0^{gr},0434$

Poids de l'oxygène consommé, en une heure,
par 1 kilogramme de l'animal.......... $1^{gr},076$

82ᵉ *Expérience.*

Trente-sept hannetons pesant 37 grammes. Durée de l'expe-
rience, cinq heures.

Composition du gaz à la fin de l'expérience.

Acide carbonique..... 0,15
Oxygène............ 20,28
Azote. 79,57
                     ———
                     100,00

Poids de l'oxygène consommé................ $0,178$ gr

Poids de l'acide carbonique produit........... 0,202

Poids de l'oxygène contenu dans l'acide carbonique. 0,147

Poids de l'azote exhalé..................... 0,0017

Rapport entre le poids de l'oxygène contenu dans l'acide
carbonique et le poids de l'oxygène consommé...... 0,825

Rapport entre le poids de l'azote exhalé et celui de l'oxygène consommé............................. 0,0095

Poids de l'oxygène consommé par heure..... $0^{gr},0356$

Poids de l'oxygène consommé, en une heure,
par 1 kilogramme de l'animal.......... $0^{gr},962$

———

Dans ces deux expériences sur les hannetons, on remarque un faible dégagement d'azote. Le rapport entre la
quantité d'oxygène contenue dans l'acide carbonique et
l'oxygène total consommé a été :

81............. $0,791$ gr
82........... 0,825

et le poids d'oxygène consommé, en une heure, par 1 kilogramme de ces insectes, s'est élevé :

81............. $1,076$ gr
82............. 0,962

La respiration des hannetons *consomme* donc, à peu près, *autant d'oxygène*, à poids égaux, que celle des lapins, des chiens et des poules.

II. — Expériences sur les vers a soie.

83ᶜ *Expérience*.

Dix-huit vers à soie prêts à filer, pesant 42ᵍʳ,5. Durée de l'expérience, 5ʰ 40ᵐ.

Composition du gaz à la fin de l'expérience.

Acide carbonique.....	5,89
Oxygène............	16,10
Azote.............	78,01
	100,00

Poids de l'oxygène consommé..................	0,202
Poids de l'acide carbonique produit............	0,220
Poids de l'oxygène contenu dans l'acide carbonique.	0,160
Poids de l'azote absorbé.....................	0,00201

Rapport entre le poids de l'oxygène contenu dans l'acide carbonique et le poids de l'oxygène consommé...... 0,792

Rapport entre le poids de l'azote absorbé et celui de l'oxygène consommé........................... 0,010

Poids de l'oxygène consommé par heure..... 0ᵍʳ,0357

Poids de l'oxygène consommé, en une heure, par 1 kilogramme de l'animal............ 0ᵍʳ,840

84ᶜ *Expérience*.

Dix-huit vers à soie prêts à filer, pesant 39 grammes. Durée de l'expérience, 7ʰ 50ᵐ.

Composition du gaz à la fin de l'expérience.

Acide carbonique.....	4,10
Oxygène............	16,51
Azote.............	79,39
	100,00

Poids de l'oxygène consommé.................. 0,201

Poids de l'acide carbonique produit............. 0,225

Poids de l'oxygène contenu dans l'acide carbonique. 0,163

Poids de l'azote exhalé...................... 0,00028

Rapport entre le poids de l'oxygène contenu dans l'acide carbonique et le poids de l'oxygène consommé...... 0,814

Rapport entre le poids de l'azote exhalé et celui de l'oxygène consommé............................... 0,0014

Poids de l'oxygène consommé par heure ..... 0^{gr},0268

Poids de l'oxygène consommé, en une heure, par 1 kilogramme de l'animal.............. 0^{gr},687

85e Expérience.

Quarante-deux vers à soie (au troisième âge) pesant 40 grammes. Durée de l'expérience, 4^h 20^m.

Composition du gaz à la fin de l'expérience.

Acide carbonique.....	7,95
Oxygène...........	14,42
Azote.............	77,63
	100,00

Poids de l'oxygène consommé.................. 0,203

Poids de l'acide carbonique produit............. 0,207

Poids de l'oxygène contenu dans l'acide carbonique. 0,150

Poids de l'azote absorbé..................... 0,0027

Rapport entre le poids de l'oxygène contenu dans l'acide carbonique et le poids de l'oxygène consommé..... 0,739

Rapport entre le poids de l'azote absorbé et celui de l'oxygène consommé.............................. 0,0133

Poids de l'oxygène consommé par heure..... 0^{gr},0468

Poids de l'oxygène consommé, en une heure, par 1 kilogramme de l'animal.......... 1^{gr},170

86e Expérience.

Quarante et un vers à soie pesant 40 grammes. Durée de l'expérience, 5^h 20^m. À la fin de l'expérience, on a trouvé vingt vers à soie morts. Cette expérience a été faite le 17 juillet 1847. Une mortalité semblable eut lieu le même jour parmi les vers à soie qui n'étaient pas renfermés dans l'appareil.

Composition du gaz à la fin de l'expérience.

Acide carbonique.....	6,31
Oxygène...........	15,62
Azote.............	78,07
	100,00

Poids de l'oxygène consommé................. 0,197^{gr}

Poids de l'acide carbonique produit............ 0,209

Poids de l'oxygène contenu dans l'acide carbonique. 0,152

Poids de l'azote absorbé..................... 0,00238

Rapport entre le poids de l'oxygène contenu dans l'acide carbonique et le poids de l'oxygène consommé....... 0,772

Rapport entre le poids de l'azote absorbé et celui de l'oxygène consommé........................... 0,0121

87ᵉ *Expérience.*

Vingt-cinq chrysalides de vers à soie pesant 21 grammes. Durée de l'expérience, 6ʰ 30ᵐ.

Composition du gaz à la fin de l'expérience.

Acide carbonique.....	13,58
Oxygène...........	1,16
Azote.............	85,26
	100,00

Dépression à la fin de l'expérience......... 48ᵐᵐ,0

Poids de l'oxygène consommé................. 0,033^{gr}

Poids de l'acide carbonique produit............ 0,029

Poids de l'oxygène contenu dans l'acide carbonique. 0,021

Poids de l'azote dégagé..................... 0,00025

Rapport entre le poids de l'oxygène contenu dans l'acide carbonique et le poids de l'oxygène consommé....... 0,639

Rapport entre le poids de l'azote exhalé et celui de l'oxygène consommé........................... 0,0075

Poids de l'oxygène consommé par heure...... $0^{gr},00508$

Poids de l'oxygène consommé, en une heure, par
1 kilogramme de l'animal................. $0^{gr},242$

Nous remarquons dans ces expériences, tantôt un faible dégagement d'azote, tantôt une petite absorption ; mais elles tombent dans les limites des erreurs d'observation.

Le rapport entre l'oxygène contenu dans l'acide carbonique exhalé et l'oxygène consommé a été :

83. Vers à soie au terme de leur croissance. , 0,792
84. *Idem*........................... 0,814
85. Vers à soie, troisième âge.. 0,739
86. Vers à soie au terme de leur croissance.... 0,772
87. Chrysalides......................... 0,639

Il est notablement plus faible chez les chrysalides que chez les vers.

Les poids d'oxygène consommé, en une heure, par 1 kilogramme de ces animaux, ont été :

83. Vers à soie au terme de leur croissance... $0^{gr},840$
84. *Idem*........................... 0,687
85. Vers à soie, troisième âge............ 1,170
86. Vers à soie au terme de leur croissance... »
87. Chrysalides....................... 0,1013

Cette consommation varie, probablement, beaucoup suivant les diverses époques de la vie de ces insectes, car on sait que leur nutrition est très-inégale. Dans tous les cas, elle est à peu près aussi grande pour les vers, à poids égaux, que celle des mammifères et des gros oiseaux. Pour les chrysalides, la consommation d'oxygène n'est que le $\frac{1}{10}$ environ de celle des vers.

III. — Expériences sur les vers de terre.

88ᵉ *Expérience.*

Vers de terre pesant 112 grammes. Durée de l'expérience, 3ʰ 5ᵐ.

Composition du gaz à la fin de l'expérience.

Acide carbonique.....	0,32
Hydrogène..........	0,20
Hydrog. protocarboné.	0,15
Oxygène	19,49
Azote............	79,84
	100,00

Poids de l'oxygène consommé................ . 0,352 gr

Poids de l'acide carbonique produit............ 0,375

Poids de l'oxygène contenu dans l'acide carbonique. 0,273

Poids de l'azote exhalé..................... 0,0024

Rapport entre le poids de l'oxygène contenu dans l'acide carbonique et le poids de l'oxygène consommé.. ... 0,776

Rapport entre le poids de l'azote exhalé et celui de l'oxygène consommé....................... 0,0068

Poids de l'oxygène consommé par heure...... 0ᵍʳ,01135

Poids de l'oxygène consommé, en une heure, par 1 kilogramme de l'animal............. 0ᵍʳ,1013

La respiration des vers de terre est à peu près semblable à celle des grenouilles. La consommation d'oxygène et le rapport entre l'oxygène contenu dans l'acide carbonique et l'oxygène total consommé, sont sensiblement les mêmes que pour ces derniers animaux.

RESPIRATION DES ANIMAUX DANS UNE ATMOSPHÈRE TRÈS-RICHE EN OXYGÈNE.

Nous avons donné dans nos recherches préliminaires (page 102) plusieurs expériences faites dans des atmosphères artificielles, beaucoup plus riches en oxygène que notre atmosphère terrestre. Les animaux n'ont paru éprouver aucune influence fâcheuse de cette grande proportion de gaz oxygène; le dégagement d'azote a été le même, et la consommation d'oxygène n'a pas été modifiée d'une manière sensible. Nous avons voulu étudier, avec plus de soin, la respiration dans ces atmosphères anormales, surtout afin de reconnaître si elle était modifiée dans le rapport que présente l'oxygène de l'acide carbonique exhalé avec l'oxygène consommé. Les expériences ont été conduites de la manière ordinaire, après avoir composé l'atmosphère de la cloche comme nous l'avons dit (p. 102).

89ᵉ *Expérience.*

Lapin dans une atmosphère riche en gaz oxygène. L'animal soumis à l'expérience est le lapin D des expériences 22, 23 et 24; il était nourri depuis plusieurs jours avec du pain. On lui met dans la cloche 150 grammes de pain, qu'il mange presque entièrement. Durée de l'expérience, $23^h 40^m$. $T = 23^o$.

Poids de l'animal à son entrée dans la cloche.. 3860^{gr}
Poids de l'animal à sa sortie de la cloche....... 3890

Gain............ 30

Acide carbonique..... 2,77
Oxygène............ 72,38
Azote.............. 24,85

100,00

Cette composition fut admise comme étant celle de l'atmosphère au commencement de l'expérience; mais on a dû lui faire subir une petite correction provenant de ce que l'air enlevé pour l'analyse était nécessairement remplacé dans la cloche par de l'oxygène pur fourni par les pipettes N. L'expérience a été ensuite conduite comme à l'ordinaire; le gaz présentait, à la fin, la composition suivante :

Acide carbonique..... 2,01
Hydrogène........... 0,70
Oxygène............ 72,65
Azote.............. 24,64

100,00

Excès de la pression finale sur la pression initiale. $+5^{mm},7$

Poids de l'oxygène consommé................. $80,338$ gr

Poids de l'acide carbonique produit........... $115,470$

Poids de l'oxygène contenu dans l'acide carbonique. $83,978$

Poids de l'azote exhalé.................... $0,123$

Rapport entre le poids de l'oxygène contenu dans l'acide carbonique et le poids de l'oxygène consommé...... $1,045$

Rapport entre le poids de l'azote exhalé et le poids de l'oxygène consommé............................ $0,0015$

Poids de l'oxygène consommé par heure.... $3^{gr},394$

Poids de l'oxygène consommé, en une heure, par 1 kilogramme de l'animal.......... $0^{gr},876$

90ᵉ *Expérience.*

Chien dans une atmosphère très-riche en oxygène. Le même chien A que dans les expériences 27, 28 et 29. Il est nourri de viande crue. Durée de l'expérience, vingt et une heures. $T = 20°$.

Poids de l'animal à son entrée dans la cloche.. 6420^{gr}.

Composition du gaz initial.

Acide carbonique.....	$2,00$
Oxygène............	$46,63$
Azote.............	$51,37$
	$100,00$

Composition du gaz à la fin de l'expérience.

Acide carbonique.....	$2,25$
Oxygène...........	$45,17$
Azote.............	$52,58$
	$100,00$

Excès de la pression finale sur la pression initiale. $-0^{mm},5$

Poids de l'oxygène consommé.................... $168,350$ gr

Poids de l'acide carbonique produit............ $178,425$

Poids de l'oxygène contenu dans l'acide carbonique. $129,763$

Poids de l'azote exhalé..................... $0,278$

Rapport entre le poids de l'oxygène contenu dans l'acide carbonique et le poids de l'oxygène consommé...... 0,771

Rapport entre le poids de l'azote exhalé et celui de l'oxygène consommé.................................... 0,0016

Poids de l'oxygène consommé par heure.... $8^{gr},016$

Poids de l'oxygène consommé, en une heure, par 1 kilogramme de l'animal........... $1^{gr},248$

91e *Expérience.*

Chien dans une atmosphère très-riche en oxygène. Le même chien **A**, nourri à la viande. Il pèse, avant l'expérience, 6 350 gr. L'expérience dure $22^h 40^m$. T $= 26^o$.

Composition du gaz au commencement de l'expérience.

Acide carbonique..... 1,66
Oxygène........... 59,75
Azote 38,59
100,00

Composition du gaz à la fin de l'expérience.

Acide carbonique..... 1,89
Oxygène........... 57,62
Azote............. 40,49
100,00

Excès de la pression finale sur la pression initiale. — $17^{mm},0$

Poids de l'oxygène consommé.................. $147^{gr},454$

Poids de l'acide carbonique produit............. 152,359

Poids de l'oxygène contenu dans l'acide carbonique. 110,806

Poids de l'azote exhalé..................... 0,436

Rapport entre le poids de l'oxygène contenu dans l'acide carbonique et le poids de l'oxygène consommé...... 0,751

Rapport entre le poids de l'azote exhalé et celui de l'oxygène consommé.................................... 0,0029

Poids de l'oxygène consommé par heure.... $6^{gr},507$

Poids de l'oxygène consommé, en une heure, par 1 kilogramme de l'animal........... $1^{gr},025$

La respiration du lapin D, dans l'air normal, a déjà été déterminée dans les expériences 22, 23 et 24. Dans l'expérience 22, il était nourri de carottes; dans l'expérience 23, il était à l'inanition; enfin, dans l'expérience 24, il était nourri de pain. L'expérience 89 a été faite, dans une atmosphère beaucoup plus riche en oxygène que l'atmosphère terrestre, sur le même lapin soumis au régime du pain et trente-six heures après l'expérience 24. Nous n'avons donc à comparer que les expériences 24 et 89, qui ont été faites dans des circonstances identiques de nutrition, mais dans des atmosphères de compositions très-différentes.

Dans les deux expériences, il y a eu une faible exhalation d'azote, dont le rapport avec le poids de l'oxygène consommé s'est élevé :

$$\text{Dans l'expérience 24 à} \ldots \ldots \quad 0,0033$$
$$\text{Dans l'expérience 89 à} \ldots \ldots \quad 0,0015$$

La consommation d'oxygène, par heure, a été

$$\text{Dans l'expérience 24 de} \ldots \ldots \quad 3,390^{gr}$$
$$\text{Dans l'expérience 89 de} \ldots \ldots \quad 3,394$$

Elle a donc été *exactement la même,* et n'a été aucunement influencée par la différence de composition de l'atmosphère.

Le rapport entre le poids de l'oxygène contenu dans l'acide carbonique et celui de l'oxygène consommé est :

$$\text{Dans l'expérience 24} \ldots \ldots \quad 0,997$$
$$\text{Dans l'expérience 89} \ldots \ldots \quad 1,045$$

Il a été trouvé un peu plus fort dans l'expérience 89, où l'animal se trouvait dans une atmosphère plus riche en oxygène; mais il est probable que cela ne tient pas à la composition de l'atmosphère, mais plutôt à cette circonstance, que l'animal était soumis depuis longtemps au régime féculent.

Les expériences 90 et 91 ont été faites sur le chien A

nourri de viande, par conséquent dans les conditions où il se trouvait dans les expériences 27, 28, 29 au milieu de l'air atmosphérique ordinaire. Dans toutes ces expériences, il y a eu exhalation d'azote; le rapport entre le poids de l'azote exhalé et celui de l'oxygène consommé a été :

$$
\text{Dans l'atmosphère normale}
\begin{cases}
27 \dots\dots & 0,0010 \\
28 \dots\dots & 0,0034 \\
29 \dots\dots & 0,0069
\end{cases}
$$

$$
\text{Dans l'atmosphère plus riche en oxygène} \dots
\begin{cases}
90 \dots\dots & 0,0016 \\
91 \dots\dots & 0,0029
\end{cases}
$$

Ainsi, sous ce rapport, on n'aperçoit aucune différence. Le poids de l'oxygène consommé, par heure, a été :

$$
\text{Dans l'atmosphère ordinaire}
\begin{cases}
27 \dots\dots & 7,440 \\
28 \dots\dots & 8,196 \\
29 \dots\dots & 6,893
\end{cases}
$$

$$
\text{Dans l'atmosphère plus riche en oxygène} \dots
\begin{cases}
90 \dots\dots & 8,016 \\
91 \dots\dots & 6,507
\end{cases}
$$

La consommation d'oxygène a donc varié, dans les deux cas, à peu près entre les mêmes limites.

Enfin, le rapport entre le poids de l'oxygène contenu dans l'acide carbonique produit et le poids de l'oxygène total consommé, a été :

$$
\text{Dans l'atmosphère ordinaire}
\begin{cases}
27 \dots\dots & 0,742 \\
28 \dots\dots & 0,750 \\
29 \dots\dots & 0,747
\end{cases}
$$

$$
\text{Dans l'atmosphère plus riche en oxygène} \dots
\begin{cases}
90 \dots\dots & 0,771 \\
91 \dots\dots & 0,751
\end{cases}
$$

Il est donc encore resté à peu près le même.

Nous avons fait, en outre, une expérience sur le verdier des expériences 65 et 66 dans une atmosphère renfermant 96 d'oxygène et 4 d'azote. Cette expérience a duré cinq heures ; l'oiseau n'en a pas été incommodé, et les diverses circonstances de la respiration ont été semblables à celles des expériences 65 et 66.

Nous pouvons donc conclure de ces expériences, que *la respiration des animaux n'est aucunement influencée par la proportion d'oxygène de l'atmosphère dans laquelle ils vivent, pourvu que cette proportion soit suffisante pour entretenir la vie. Dans une atmosphère renfermant deux et trois fois plus d'oxygène que notre atmosphère terrestre, les animaux n'éprouvent aucun malaise, et les produits de leur respiration sont absolument les mêmes que lorsqu'ils se trouvent dans l'atmosphère normale.*

EXPÉRIENCES SUR LA PERSPIRATION DES ANIMAUX

DANS UNE ATMOSPHÈRE OÙ L'HYDROGÈNE REMPLACE, EN GRANDE PARTIE, L'AZOTE DE NOTRE ATMOSPHÈRE TERRESTRE.

Pour composer cette atmosphère artificielle, on remplissait un gazomètre, de 120 litres environ de capacité, d'un mélange de 79,0 hydrogène et de 21,0 oxygène. L'animal étant placé dans la cloche, et le couvercle *ef*, *Pl. III, fig.* 2, étant ajusté sur l'ouverture inférieure *ab*, mais sans que les boulons fussent serrés, on faisait passer rapidement dans la cloche, par le tube *r'r*, le mélange d'hydrogène et d'oxygène; l'excès de gaz s'échappait par la fente laissée entre le couvercle *ef* et l'orifice *ab*. Lorsqu'il ne restait plus qu'une petite quantité du mélange gazeux dans le gazomètre, on serrait les boulons du couvercle et l'on introduisait dans la cloche le reste du gaz, de manière à y établir un excès de pression. On mettait alors les pipettes à potasse en mouvement, et au moment où le manomètre annonçait l'équilibre de pression avec l'atmosphère extérieure, on faisait une prise de gaz dans l'appareil manométrique *a'b'c'd'*, *Pl. III, fig.* 1. Ce gaz était analysé, et sa composition était regardée comme représentant celle de l'atmosphère de la cloche au commencement de l'expérience; on lui faisait toutefois subir une petite correction provenant de ce que le gaz enlevé pour l'analyse était nécessairement remplacé par une quantité correspondante d'oxygène, lorsqu'on établissait la communication avec les pipettes qui contenaient ce gaz. On conduisait ensuite l'expérience comme à l'ordinaire.

92ᵉ *Expérience.*

Lapin D, des expériences 22, 23, 24 et 89; on a continué à le nourrir avec du pain. On lui donne dans la cloche 126 grammes de pain qu'il mange entièrement. L'expérience dure 20ʰ40ᵐ. T = 22°.

Poids de l'animal à son entrée dans la cloche.. 3927ᵍʳ

Poids de l'animal à sa sortie de la cloche.... 3883

Perte........ 44

Composition du gaz au commencement de l'expérience.

Acide carbonique. ... 1,52
Hydrogène......... 55,16
Oxygène........... 28,87
Azote. 14,45

100,00

Composition du gaz à la fin de l'expérience.

Acide carbonique..... 2,49
Hydrogène 53,29
Oxygène........... 27,51
Azote. 16,71

100,00

Excès de la pression finale sur la pression initiale. + 3ᵐⁱⁿ,9

Poids de l'oxygène consommé................. 83,112ᵍʳ
Poids de l'acide carbonique produit........ 115,682
Poids de l'oxygène contenu dans l'acide carbonique. 84,132
Poids de l'azote exhalé...................... 1,073
Poids de l'hydrogène disparu... 0,0518

Rapport entre le poids de l'oxygène contenu dans l'acide carbonique et le poids de l'oxygène consommé...... 1,012

Rapport entre le poids de l'azote exhalé et celui de l'oxygène consommé. 0,0129

Poids de l'oxygène consommé par heure..... $4^{gr},023$

Poids de l'oxygène consommé, en une heure,
par 1 kilogramme de l'animal.......... $1^{gr},032$

93ᵉ *Expérience.*

Chien F des expériences 34, 36, 37 et 38, nourri à la viande pendant quinze jours après l'expérience 38. L'animal était bien portant et ne se ressentait plus, depuis longtemps, des changements de régime qu'il avait subis. Durée de l'expérience, $10^h 45^m$. $T = 22°$.

Poids du chien à son entrée dans la cloche... 5845^{gr}

Poids du chien à sa sortie de la cloche....... 5724

Perte.......... 121

Composition du gaz au commencement de l'expérience.

Acide carbonique..... 1,48
Hydrogène.......... 57,05
Oxygène............ 28,59
Azote. 12,88
————
100,00

Composition du gaz à la fin de l'expérience.

Acide carbonique   ... 2,68
Hydrogène 56,35
Oxygène.......... ... 27,61
Azote 13,36
————
100,00

Excès de la pression finale sur la pression initiale. — $0^{mm},7$

Poids de l'oxygène consommé.................. $82,087^{gr}$

Poids de l'acide carbonique produit............ 86,994

Poids de l'oxygène contenu dans l'acide carbonique. 63,268

Poids de l'azote exhalé..................... 0,202

Poids de l'hydrogène disparu 0,0235

Rapport entre le poids de l'oxygène contenu dans l'acide carbonique et le poids de l'oxygène consommé...... 0,771

Rapport entre le poids de l'azote exhalé et celui de l'oxygène consommé.......................... 0,0024

Poids de l'oxygène consommé par heure.... $7^{gr},636$

Poids de l'oxygène consommé, en une heure,
par 1 kilogramme de l'animal.......... $1^{gr},320$

94e *Expérience.*

Cinq grenouilles pesant 280 grammes, dans un mélange d'hydrogène et d'oxygène (novembre 1847). Cette expérience a été faite dans le petit appareil, en composant l'atmosphère comme nous l'avons dit (page 200). Les grenouilles sont sorties de l'appareil parfaitement vivantes, et elles ont vécu longtemps après. Durée de l'expérience, $5^h 13^m$. $T = 17°$.

Composition du gaz au commencement de l'expérience.

Acide carbonique..... traces
Oxygène............ 21,86
Hydrogène......... 77,03
Azote......... 1,11
—————
100,00

Composition du gaz à la fin de l'expérience.

Acide carbonique..... 0,37
Oxygène.......... 21,57
Hydrogène......... 75,82
Azote 2,24
—————
100,00

Excès de la pression finale sur la pression initiale. — $0^{mm},4$

Poids de l'oxygène consommé................. $0^{gr},1830$

Poids de l'acide carbonique produit............ 0,2157

Poids de l'oxygène contenu dans l'acide carbonique. 0,1568

Poids de l'azote exhalé 0,0035

Rapport entre le poids de l'oxygène contenu dans l'acide carbonique et le poids de l'oxygène consommé...... 0,8568

Rapport entre le poids de l'azote exhalé et celui de l'oxygène consommé. 0,0200

Poids de l'oxygène consommé par heure...... 0^{gr},0352
Poids de l'oxygène consommé, en une heure,
par 1 kilogramme de l'animal............. 0^{gr},126

Le lapin D, à l'alimentation du pain, a été soumis successivement à l'expérience 24 dans l'air normal, à l'expérience 89 dans une atmosphère beaucoup plus riche en oxygène, enfin à l'expérience 92 dans une atmosphère un peu plus riche en oxygène que l'atmosphère terrestre, et dans laquelle l'hydrogène remplaçait l'azote en grande partie. Le rapport entre le poids de l'azote exhalé et celui de l'oxygène consommé a été :

Dans l'air normal....................... 24... 0,0033
Dans l'atmosphère riche en oxygène........ 89.. 0,0015
Dans l'atmosphère où l'hydrogène remplaçait
l'azote. .... 92... 0,0129

Le dégagement d'azote a donc été beaucoup plus considérable dans ce dernier cas ; mais il est très-possible, et même probable, que la plus grande partie de l'azote exhalé provenait de l'air atmosphérique, plus ou moins altéré, qui se trouvait dans les diverses cavités de l'animal, et qui a été remplacé, successivement, par le gaz composant la nouvelle atmosphère.

Le poids de l'oxygène consommé par heure a été :

Dans l'air normal....................... 24... 3^{gr},903
Dans l'atmosphère riche en oxygène........ 89... 3,394
Dans l'atmosphère où l'hydrogène remplace
l'azote........................... 92... 4,023

La consommation d'oxygène a été *notablement plus grande* dans ce dernier cas, ce que nous croyons pouvoir attribuer au plus grand pouvoir refroidissant du gaz hydrogène ; l'animal. pour conserver se température normale, est obligé de respirer plus activement que dans l'atmosphère ordinaire.

Le rapport entre le poids de l'oxygène contenu dans l'acide carbonique et celui de l'oxygène total consommé a été :

Dans l'air normal.. .... 24... 0,997
Dans l'atmosphère riche en oxygène........ 89... 1,045
Dans l'atmosphère où l'hydrogène remplace
l'azote....... .... 92... 1,012

Ce rapport a donc très-peu varié dans les trois expériences.

L'expérience 93 a été faite sur le chien F, qui avait été nourri de viande pendant quinze jours après l'expérience 38. Nous pouvons comparer entre elles les expériences 34 et 93, où l'animal était soumis à la même alimentation. Le rapport entre le poids de l'azote exhalé et celui de l'oxygène consommé a été :

Dans l'air normal...................... 34... 0,00066
Dans l'atmosphère où l'hydrogène remplace
l'azote........... .... 93... 0,00129

La consommation d'oxygène, par heure, a été :

Dans l'air normal.................... 34... 6,673
Dans l'atmosphère où l'hydrog. remplace l'azote. 93... 7,636

La consommation d'oxygène a donc été notablement plus forte dans l'atmosphère riche en hydrogène. On peut en donner l'explication que nous avons énoncée plus haut : cependant, pour que le fait soit bien constaté, il serait nécessaire de multiplier les expériences, car nous avons vu (page 130) que cette consommation variait notablement pour le même individu, soumis à la même alimentation, par des circonstances qu'il est impossible de prévoir ou de diriger.

Le rapport entre le poids de l'oxygène contenu dans l'acide carbonique et celui de l'oxygène total consommé

92^{gr},20 de la dissolut. de potasse primitive de
l'expér. 22 sur un lapin ont donné... 0^{gr},064 de sulf. de baryte.

91^{gr},80 de la même dissolution après l'expér.
ont donné........................... 0^{gr},066   *id.*

Différence. ...... 0^{gr},002

938^{gr},12 de la potasse primitive de l'expér. 30
sur un chien ont donné,........... 0^{gr},072 de sulf. de baryte.

938^{gr},75 de la même dissolution après l'expérience ont donné............ ..... 0^{gr},075   *id.*

Différence....... 0^{gr},003

978^{gr},32 de la potasse primitive de l'expér. 49
sur une poule ont donné....... ... 0^{gr},052 de sulf. de baryte.

978^{gr},42 de la même dissolution après l'expérience ont donné.................. 0^{gr},054   *id.*

Différence....... 0^{gr},002

La potasse, après avoir servi dans une expérience sur la respiration, ne renferme donc pas sensiblement plus de soufre qu'avant ; les différences que nous venons de trouver sont trop petites pour qu'on puisse en répondre. On peut en conclure que, *pendant la perspiration des animaux, la proportion des gaz sulfurés dégagés est extrêmement petite.*

La recherche du gaz ammoniac a été faite dans des expériences spéciales. L'animal était placé dans une boîte portant deux ouvertures opposées. Par l'une de ces ouvertures pénétrait l'air destiné à entretenir la respiration ; par l'autre, sortait l'air vicié. Le courant d'air était déterminé au moyen de deux aspirateurs que l'on faisait agir l'un après l'autre. L'air vicié, au sortir de la boîte, traversait une dissolution d'acide chlorhydrique à laquelle on avait ajouté 1 ou 2 décigrammes de bichlorure de platine. Afin que cette dissolution exerçât, plus efficacement, son action dissolvante sur l'ammoniaque contenue dans l'air, on faisait sortir le gaz, sous forme de petites bulles, à travers un grand nombre de tubes étroits plongeant dans la liqueur. On faisait passer, chaque fois, environ 500 grammes d'air, et l'on entretenait ainsi la respiration de l'animal pendant huit heures environ. On évaporait alors au bain-marie la liqueur acide, et l'on reprenait le résidu par un mélange d'alcool et d'éther; le précipité était considéré comme du chlorure double de platine et d'ammoniaque, mais il était facile de reconnaître que la plus grande partie était formée de protochlorure de platine provenant de la réduction d'une petite quantité de bichlorure.

Dans une expérience faite sur un chien, on obtint un précipité correspondant à... $0^{gr},0052$ d'ammon.

Une expérience sur un lapin donna un précipité correspondant à .... $0^{gr},0034$ »

Enfin, une expérience sur une poule donna un précipité correspondant à. .... $0^{gr},0025$ »

Ces quantités sont extrêmement petites, et même complétement incertaines; car, ayant fait, quelques jours après, une expérience *à blanc*, sans placer d'animal dans la boîte, nous obtînmes une quantité de précipité correspondante à $0^{gr},0060$ d'ammoniaque; c'est-à-dire plus grande encore que celle qui avait été trouvée dans les expériences sur les animaux.

On peut donc conclure que, *dans la perspiration des animaux, il ne se forme que des quantités extrêmement petites d'ammoniaque.*

EXPÉRIENCES ENTREPRISES DANS LE BUT DE RECONNAITRE L'INFLUENCE QUE LE CORPS DE L'ANIMAL EXERCE SUR LE PHÉNOMÈNE DE LA RESPIRATION.

Dans les expériences qui précèdent, nous avons étudié la respiration telle qu'elle se produit par le corps entier de l'animal; nous avons déterminé les effets réunis de la respiration pulmonaire et de la perspiration cutanée. Il était important de déterminer la part qui revient, dans le phénomène total, à cette dernière action, qui est regardée, par la plupart des physiologistes, comme produisant des effets notables.

Pour y parvenir, nous avons fait deux séries d'expériences : dans la première, nous avons déterminé la quantité d'acide carbonique qui se produisait, dans un temps donné, au contact du corps d'un animal enfermé dans un sac imperméable, et dont la tête seule était maintenue au milieu de l'air libre. Nous nous sommes servis d'un sac de toile enduit de caoutchouc et parfaitement imperméable. Sur un des côtés de ce sac se trouvait une ouverture à coulisse, par laquelle on passait la tête de l'animal et qu'on serrait ensuite autour de son cou, après y avoir appliqué du caoutchouc fondu. Du côté opposé, le sac était ouvert afin de pouvoir y introduire facilement l'animal, et on attachait ensuite cette ouverture sur un couvercle en fer-blanc portant une petite tubulure centrale. Enfin, du côté où se trouvait la tête de l'animal, le sac portait une seconde tubulure par laquelle on faisait arriver l'air extérieur. Le courant d'air était obtenu à l'aide d'un aspirateur de 60 litres de capacité, qui communiquait avec la tubulure centrale du couvercle. L'air, avant de pénétrer dans le sac, traversait un long tube en U rempli de pierre ponce alcaline, dans lequel il déposait son acide carbonique; au sortir du sac, il traversait

1°. Un tube rempli de ponce sulfurique, qui lui enlevait son humidité;

2°. Deux tubes en U remplis de ponce alcaline, qui condensaient l'acide carbonique formé;

3°. Un tube à ponce sulfurique, qui retenait la petite quantité d'eau abandonnée par la ponce alcaline des deux tubes précédents.

L'augmentation de poids que subissaient les trois derniers tubes donnait la quantité d'acide carbonique formée au contact du corps de l'animal, ou qui s'était dégagée par le canal intestinal.

95ᵉ *Expérience.*

Poule pesant 1940 grammes. Durée de l'expérience, 8ʰ 40ᵐ.

Poids de l'acide carbonique formé...... 0ᵍʳ,336

Pendant le même temps, la poule aurait produit, par sa perspiration totale, 18ᵍʳ,62 d'acide carbonique. Le poids du gaz carbonique exhalé par la peau et par le canal intestinal n'est donc que les 0,018 de la quantité produite par la perspiration totale.

96ᵉ *Expérience.*

La même poule. Durée de l'expérience, 7ʰ 30ᵐ.

Poids de l'acide carbonique..... 0ᵍʳ,076

La perspiration totale aurait donné, dans le même temps, 16ᵍʳ,13 d'acide carbonique.

Rapport entre la quantité d'acide carbonique fournie par le corps et par le canal intestinal et la quantité fournie par la perspiration totale, 0,0047.

Ce rapport est beaucoup plus petit que dans l'expérience 95, ce qui rend probable que la plus grande partie de l'acide carbonique provient du canal intestinal.

97ᵉ *Expérience.*

La même poule. Durée de l'expérience, 8ʰ 45ᵐ.

Poids de l'acide carbonique produit................ 0ᵍʳ,164
Dans le même temps, la perspiration totale eût donné. 18,70

Rapport entre ces deux quantités. 0,0087

98ᵉ *Expérience.*

Lapin pesant 2425 grammes. Durée de l'expérience, 8ʰ 15ᵐ.

Poids de l'acide carbonique produit................ 0ᵍʳ,358
Dans le même temps, la perspiration totale eût donné. 20,63

Rapport entre ces deux quantités......... 0,0173

99ᵉ *Expérience.*

Le même lapin. Durée de l'expérience, 7ʰ 45ᵐ.

Poids de l'acide carbonique produit..... .... 0,197 ᵍʳ
Dans le même temps, la perspiration totale eût donné. 19,38

Rapport entre ces deux quantités........ 0,0102

100ᵉ *Expérience.*

Chien pesant 4159 grammes. Durée de l'expérience, 7ʰ 50ᵐ.

Poids de l'acide carbonique produit... .... 0,136 ᵍʳ
Dans le même temps, la perspiration totale eût donné. 39,15

Rapport entre ces deux quantités........ 0,0035

101ᵉ *Expérience.*

Le même chien. Durée de l'expérience, 8ʰ 30ᵐ.

Poids de l'acide carbonique produit............ .... 0,176 ᵍʳ
Dans le même temps, la perspiration totale eût donné. 42,50

Rapport entre ces deux quantités........ 0,0041

Ces expériences démontrent que, *pour les mammifères et les oiseaux, la quantité d'acide carbonique qui se forme au contact du corps et qui se dégage par le canal intestinal, est toujours très-petite, et qu'elle s'élève rarement à $\frac{1}{50}$ de celle qui est fournie par la respiration pulmonaire.*

Nous avons fait, ensuite, une seconde série d'expériences, dans lesquelles nous laissions le corps de l'animal séjourner dans le sac pendant huit heures, sans renouveler l'air; on faisait ensuite l'analyse de cet air qui avait séjourné au contact du corps de l'animal.

102ᵉ *Expérience.*

La même poule que dans les expériences 95, 96 et 97. Durée de l'expérience, huit heures.

Composition du gaz à la fin de l'expérience.

Acide carbonique.   0,27
Oxygène.   20,76
Azote   78,97
                           ————
                           100,00

103ᵉ *Expérience.*

Le même lapin que dans les expériences 98 et 99. Durée de l'expérience, huit heures.

Composition du gaz à la fin de l'expérience.

Acide carbonique.   0,36
Oxygène.   20,55
Azote.   79,09
                           ————
                           100,00

104ᵉ *Expérience.*

Le même chien que dans les expériences 100 et 101. Durée de l'expérieuce, 8ʰ 10ᵐ.

Composition du gaz à la fin de l'expérience.

Acide carbonique.   0,29
Oxygène.   20,67
Azote.   79,04
                           ————
                           100,00

L'air n'a donc subi dans ces expériences qu'une altération très-faible, et, cependant, il n'y en avait que 4 ou 5 litres autour du corps de l'animal ; on n'y a trouvé que des traces indosables d'hydrogène. Si l'on suppose que l'acide carbonique s'est formé aux dépens de l'oxygène de l'air, et que l'azote est resté invariable, on reconnaît qu'il n'a pas disparu d'oxygène dans d'autres combinaisons que dans l'acide carbonique ; car on retrouve, presque exactement, la composition de l'air atmosphérique, en ajoutant à l'oxygène libre celui qui se trouve dans l'acide carbonique.

Mais on peut supposer aussi qu'il y a eu, simplement, exhalation d'acide carbonique et d'azote, et que l'oxygène est resté invariable; l'air renfermerait encore, dans ce cas, à la fin de l'expérience, moins d'oxygène que l'air normal. Pour décider quel est celui de ces deux cas qui a lieu réellement, il aurait fallu faire les expériences dans un espace inextensible et maintenu à une température rigoureusement constante.

Quoi qu'il en soit, nous pouvons conclure, avec certitude, des expériences qui précèdent, que *les effets produits par la perspiration cutanée et par les exhalaisons du canal intestinal sont tellement petits chez les animaux à sang chaud, que toutes les conséquences déduites de nos expériences sur la perspiration totale s'appliquent à la respiration pulmonaire.*

Il ne faudrait pas étendre cette conclusion aux animaux à sang froid; il est probable que, chez ces derniers, la peau intervient, pour une bien plus grande part, dans le phénomène total. Les expériences comparatives que nous avons citées (page 183) sur la respiration des grenouilles intactes et sur celle des grenouilles auxquelles on avait enlevé les poumons, semblent le démontrer d'une manière évidente.

CONCLUSIONS GÉNÉRALES.

Nous déduirons de notre travail les conclusions suivantes :

I. — Pour les animaux a sang chaud, mammifères et oiseaux.

1°. Lorsque ces animaux sont soumis à leur régime alimentaire habituel, ils dégagent toujours de l'azote; mais la quantité de ce gaz exhalé est très-petite: elle ne s'élève jamais à $\frac{2}{100}$ du poids de l'oxygène total consommé, et, le plus souvent, elle est moindre que $\frac{1}{100}$.

2°. Lorsque les animaux sont à l'inanition, ils absorbent souvent de l'azote, et la proportion de l'azote absorbé varie entre les mêmes limites que celle de l'azote exhalé dans le cas où les animaux sont soumis à leur régime habituel. L'absorption de l'azote s'est montrée, presque constamment, chez les oiseaux à l'inanition, mais très-rarement chez les mammifères.

3°. Lorsque, après avoir été pendant plusieurs jours à l'inanition, l'animal est soumis à un régime alimentaire très-différent de son régime habituel, il absorbe souvent encore de l'azote pendant quelque temps, probablement jusqu'à ce qu'il se soit fait à son nouveau régime; il rentre alors dans le cas général, et dégage de l'azote. Ce fait n'a été constaté que sur des poules qui, après avoir été plusieurs jours à l'inanition, échangeaient leur régime de grain pour un régime de viande seule.

4°. Lorsque l'animal est souffrant par suite du régime alimentaire auquel il est soumis, ou peut-être par d'autres causes, il absorbe encore de l'azote. Cette absorption d'azote a été constamment observée dans les expériences que nous avons faites sur un canard malade qui mourut peu de temps après.

Ces alternatives de dégagement et d'absorption d'azote que présente le même animal lorsqu'il est soumis à divers régimes est favorable à l'opinion d'Edwards, qui admet que le dégagement et l'absorption d'azote ont toujours lieu simultanément pendant la respiration, et que l'on n'observe jamais que la résultante de ces deux effets contraires.

5°. Le rapport entre la quantité d'oxygène contenu dans l'acide carbonique et la quantité totale d'oxygène consommé, paraît dépendre beaucoup plus de la nature des aliments que de la classe à laquelle appartient l'animal. Ce rapport est le plus grand lorsque les animaux se nourrissent de grains, et il dépasse alors souvent l'unité (expériences 5o et 92). Quand ils se nourrissent exclusivement de viande, ce rapport est plus faible et varie de 0,62 à 0,80. Avec le régime des légumes, le rapport est en général intermédiaire entre celui que l'on observe avec le régime de la viande et celui que donne le régime du pain.

6°. Ce rapport est à peu près constant pour les animaux de même espèce qui sont soumis à une alimentation parfaitement uniforme, comme cela est facile à réaliser pour les chiens; mais il varie notablement pour les animaux d'une même espèce, et pour le même animal, soumis au même régime, mais dont on ne peut pas régler l'alimentation, comme pour les poules.

7°. Lorsque les animaux sont à l'inanition, le rapport entre l'oxygène contenu dans l'acide carbonique et l'oxygène total consommé est, à peu près, le même que celui que l'on observe pour le même animal soumis au régime de la viande; il est cependant, en général, un peu plus faible. L'animal, à l'inanition, ne fournit à la respiration que sa propre substance, qui est de la même nature que la chair qu'il mange lorsqu'il est soumis au régime de la viande. Tous les animaux à sang chaud présentent donc, lorsqu'ils sont à l'inanition, la respiration des animaux carnivores.

8°. Le rapport entre l'oxygène contenu dans l'acide carbonique et l'oxygène total consommé varie, pour le même animal, depuis 0,62 jusqu'à 1,04, suivant le régime auquel il est soumis. Il est donc bien loin d'être constant, comme cela devrait être dans la théorie proposée par MM. Brunner et Valentin (page 306); et ce fait seul suffit pour démontrer l'inexactitude de cette théorie.

9°. Lavoisier avait cherché à prouver que la chaleur dégagée par un animal dans un temps donné, est précisément égale à celle que produirait, par une combustion vive dans l'oxygène, le carbone contenu dans l'acide carbonique produit, et l'hydrogène qui formerait de l'eau avec la portion de l'oxygène consommée ne se retrouvant pas dans l'acide carbonique. Cette théorie de la chaleur animale fut généralement adoptée, et, aujourd'hui encore, elle est professée par un grand nombre de savants.

Nous ne doutons pas que la chaleur animale ne soit produite, *entièrement,* par les réactions chimiques qui se passent dans l'économie; mais nous pensons que le phénomène est beaucoup trop complexe pour qu'il soit possible de le calculer d'après la quantité d'oxygène consommée. Les substances qui se brûlent par la respiration sont formées en général de carbone, d'hydrogène, d'azote et d'oxygène souvent en proportion considérable; lorsqu'elles se détruisent complétement par la respiration, l'oxygène qu'elles renferment contribue à la formation de l'eau et de l'acide carbonique, et la chaleur qui se dégage alors est nécessairement bien différente de celle que produiraient, en se brûlant, le carbone et l'hydrogène, supposés libres. Ces substances ne se détruisent d'ailleurs pas complétement, une portion se transforme en d'autres substances qui jouent des rôles spéciaux dans l'économie animale, ou qui s'échappent, dans les excrétions, à l'état de matières très-oxydées (urée, acide urique). Or, dans toutes ces transformations et dans les assimilations de substances qui ont lieu dans les organes, il y a dégagement ou absorption de chaleur; mais les phénomènes sont évidemment tellement complexes, qu'il est peu probable que l'on parvienne jamais à les soumettre au calcul.

C'est donc par une coïncidence fortuite que les quantités de chaleur dégagées par un animal se sont trouvées, dans les expériences de Lavoisier, de Dulong et de M. Despretz, à peu près égales à celles que donneraient, en brûlant, le carbone contenu dans l'acide carbonique produit, et l'hydrogène dont on détermine la quantité par une hypothèse *bien gratuite,* en admettant que la portion de l'oxygène consommée qui ne se retrouve pas dans l'acide carbonique a servi à transformer cet hydrogène en eau. On ne peut pas s'appuyer sur les données numériques des expériences que nous venons de citer, car il n'est pas douteux que les quantités d'acide carbonique ont été trouvées beaucoup trop petites. Dans nos expériences, nous trouvons souvent, notamment pour les poules soumises à leur régime habituel du grain, plus d'oxygène dans l'acide carbonique dégagé que nous n'en avons fourni à la respiration. Ce fait seul démontre l'inexactitude de ces hypothèses, et nous dispense de les discuter plus longuement.

10°. Les quantités d'oxygène consommées par le même animal dans des temps égaux, varient beaucoup suivant les diverses périodes de la digestion, l'état de mouvement, et suivant une foule de circonstances qu'il est impossible de spécifier. Pour les animaux d'une même espèce, et à égalité de poids, la consommation d'oxygène est plus grande chez les jeunes individus que chez les adultes; elle est plus grande chez les animaux maigres, mais bien portants, que chez les animaux très-gras.

11°. La consommation d'oxygène faite, dans des temps égaux, par des poids égaux d'animaux appartenant à la même classe, varie beaucoup avec leur grosseur absolue. Ainsi, elle est dix fois plus grande chez les petits oiseaux, tels les moineaux et les verdiers, que chez les poules. Comme ces diverses espèces possèdent la même température, et que les plus petites, présentant comparativement une surface beaucoup plus grande à l'air ambiant, éprouvent un refroidissement plus considérable, il faut que les sources de chaleur agissent plus énergiquement, et que la respiration soit plus abondante.

12°. Les animaux à sang chaud ne dégagent, par la perspiration, que des quantités infiniment petites, et presque indéterminables, d'ammoniaque et de gaz sulfurés.

II. — MAMMIFÈRES HIBERNANTS.

13°. La respiration des marmottes complétement éveillées et se nourrissant bien ne présente rien de particulier;

elle est semblable à celle des autres mammifères qui prennent une nourriture semblable ; mais celle des marmottes complétement assoupies est très-différente : souvent il y a absorption d'azote, et le rapport de la quantité d'oxygène contenu dans l'acide carbonique à celle de l'oxygène consommé est beaucoup plus faible, car il ne s'élève quelquefois qu'à 0,4. Le poids de l'oxygène qui entre dans des combinaisons non gazeuses étant plus grand que celui de l'acide carbonique dégagé ; d'un autre côté, l'animal perdant peu d'eau par la transpiration parce que sa température est très-peu supérieure à celle du milieu ambiant ; il en résulte que *la marmotte augmente sensiblement de poids par sa seule respiration*. Mais cette augmentation n'est pas indéfinie, parce que, de temps en temps, l'animal rend des urines.

14°. La consommation d'oxygène par les marmottes engourdies est très-faible ; elle ne s'élève souvent qu'à $\frac{1}{30}$ de celle qu'exigent les marmottes éveillées ; et il est possible que cette consommation soit beaucoup plus petite, lorsque ces animaux sont exposés à une température beaucoup plus basse qu'ils ne l'ont été dans nos expériences.

15°. Au moment où les marmottes sortent de léthargie, leur respiration devient extrêmement active, et, pendant la période de leur réveil, elles consomment beaucoup plus d'oxygène que lorsqu'elles sont complétement éveillées. Leur température s'élève rapidement, et leurs membres sortent, successivement, de leur engourdissement.

16°. Les marmottes engourdies peuvent séjourner long-temps, sans en éprouver d'effets fâcheux, dans un air pauvre en oxygène qui asphyxie, en quelques instants, une marmotte éveillée. Ces animaux ne paraissent pas pouvoir passer, par leur seule volonté, de l'état de réveil à l'état de torpeur.

III. — Animaux à sang froid.

17°. La respiration des reptiles consomme, à poids égal, beaucoup moins d'oxygène que celle des animaux à sang chaud ; mais elle ne diffère pas sensiblement de cette dernière sous le rapport de la nature et des proportions des gaz absorbés et dégagés. Nos expériences ont donné, tantôt une petite absorption d'azote, tantôt un faible dégagement de ce gaz ; mais on ne peut pas en répondre, parce que les déterminations numériques ne peuvent plus se faire avec la même précision que pour les animaux à sang chaud, à cause de la faiblesse de la respiration des reptiles.

18°. Les grenouilles auxquelles on a enlevé les poumons continuent à respirer, à peu près avec la même activité que lorsqu'elles étaient intactes ; elles vivent souvent pendant plusieurs jours, et les proportions des gaz absorbés et dégagés diffèrent peu de celles que l'on remarque sur les grenouilles intactes. Ce fait semble démontrer que la respiration des grenouilles a lieu principalement par la peau. Il serait cependant nécessaire de démontrer ce fait par des expériences directes.

19°. La respiration des vers de terre est à peu près semblable à celle des grenouilles, pour la quantité d'oxygène consommé à poids égal, et pour le rapport entre l'oxygène contenu dans l'acide carbonique et l'oxygène total consommé.

20°. La respiration des insectes, tels que les hannetons et les vers à soie, est beaucoup plus active que celle des reptiles ; elle consomme, à poids égal, à peu près autant d'oxygène que les mammifères sur lesquels nous avons expérimenté. Cette grande consommation d'oxygène est en rapport avec la grande quantité de nourriture que prennent ces animaux ; et si leur température ne s'élève pas davantage au-dessus de celle du milieu ambiant, cela tient à ce qu'ils ont très-peu de masse, et présentent, en général, une très-grande surface et une peau humide à l'action de l'air. Il est d'ailleurs important de remarquer que nous comparons ici la respiration des insectes à celle des mammifères, qui ont des masses deux mille à dix mille fois plus considérables, et que nous avons reconnu (page 177) que la respiration des très-petits animaux est incomparablement plus active que celle des animaux très-gros de la même classe.

Un thermomètre, maintenu au milieu d'un grand nombre de hannetons renfermés dans un sac à claire-voie, a montré une température supérieure de 2 degrés à celle de l'air ambiant.

IV. — Animaux des diverses classes.

21°. La respiration des animaux des diverses classes dans une atmosphère renfermant deux ou trois fois plus d'oxygène que l'air normal, ne présente aucune différence avec celle qui s'exécute dans notre atmosphère terrestre. La consommation d'oxygène est la même; le rapport entre l'oxygène contenu dans l'acide carbonique et l'oxygène total consommé ne subit pas de changement sensible; la proportion de gaz azote exhalé est la même; enfin les animaux ne paraissent pas s'apercevoir qu'ils se trouvent dans une atmosphère différente de leur atmosphère ordinaire.

22°. La respiration des animaux, dans une atmosphère où l'hydrogène remplace en grande partie l'azote de notre atmosphère terrestre, diffère aussi très-peu de celle qui a lieu dans l'air normal. On remarque seulement une plus grande consommation d'oxygène, ce que nous avons attribué à une plus grande activité que prend la respiration afin de compenser le plus grand refroidissement que l'animal éprouve au contact du gaz hydrogène.

Nous sommes loin de prétendre que notre travail présente une étude complète du phénomène de la respiration ;

nous nous estimerons heureux si nous avons réussi à en établir les principaux faits, et si nos méthodes peuvent être de quelque utilité aux physiologistes qui, par leurs connaissances spéciales, seront plus aptes que nous à étendre ces recherches.

Nous avons cherché à mettre les animaux, autant que possible, dans les conditions de leur vie habituelle : nous pensons y avoir réussi. Cependant on nous objectera, peut-être, que, pour maintenir l'air de notre cloche dans les conditions normales, il ne suffit pas d'absorber l'acide carbonique produit et de remplacer l'oxygène consommé ; qu'il faut encore absorber les miasmes qui se dégagent du corps de l'animal, et que l'on regarde généralement comme pouvant exercer une influence très-nuisible sur sa santé, bien que leur quantité soit ordinairement trop petite pour pouvoir être reconnue par l'analyse chimique. Sans nier l'existence de ces miasmes, nous pensons qu'on en exagère beaucoup les effets. Ainsi, pendant l'hiver, les moutons restent enfermés dans des bergeries que, dans beaucoup de pays, on maintient aussi closes que possible. Lorsqu'on y entre le matin, l'atmosphère est tellement puante, que l'homme qui n'en a pas l'habitude ne peut y séjourner quelques minutes sans se trouver incommodé ; et, cependant, les animaux ne paraissent pas en éprouver d'effets fâcheux. Au reste, nous pouvons certifier que, dans aucune des expériences où l'animal était soumis à un régime convenable, nous n'avons pu reconnaître chez lui des signes de malaise, même après un séjour de plusieurs jours ; il prenait sa nourriture avec le même appétit que lorsqu'il se trouvait à l'air libre, et, au sortir de l'appareil, il reprenait immédiatement ses habitudes ordinaires. Le même animal a souvent subi un grand nombre d'expériences, et sa santé n'en a jamais paru altérée ; quelques-uns des animaux sur lesquels nous avons opéré, vivaient encore plusieurs années après.

On remarquera dans notre travail deux lacunes regrettables : il y manque des expériences sur la respiration des poissons, et des expériences sur la respiration de l'homme. Nous n'avons pas entrepris d'expériences sur les poissons, parce que nous savions que M. Valenciennes s'occupait de cette étude ; quant à la respiration de l'homme, notre intention était de nous en occuper d'une manière toute spéciale. Nous nous proposions de l'étudier, non-seulement sur l'homme sain, soumis à divers régimes d'alimentation, à l'état de repos ou à l'état de travail, mais encore sur des sujets affectés de diverses maladies, et nous espérions pouvoir nous associer, pour cette importante étude, l'un des habiles médecins des grands hôpitaux de Paris. Malheureusement, le nouvel appareil qui devait servir pour ces recherches, à cause des conditions spéciales auxquelles il devait satisfaire, exigeait des sommes beaucoup plus considérables que celles dont nous pouvions disposer, et nous fûmes obligés de renoncer à notre projet.

L'étude de la respiration de l'homme, dans ses divers états pathologiques, nous paraît un des sujets les plus dignes d'occuper les hommes qui se vouent à l'art de guérir ; elle peut donner un diagnostic précieux pour un grand nombre de maladies, et rendre plus évidentes les révolutions qui surviennent dans l'économie. Les beaux résultats obtenus dans ces dernières années par l'inhalation de l'éther et du chloroforme, en montrant la rapidité avec laquelle l'absorption se fait par la voie aérienne, font pressentir qu'on parviendra à administrer, avec succès, des médicaments gazeux, dont l'action à petite dose, mais longtemps prolongée, peut être efficace dans le traitement de beaucoup de maladies qui ont résisté aux médications ordinaires. Nos vœux seraient accomplis, si notre travail provoquait ces études qui peuvent être d'une si haute importance pour l'humanité.

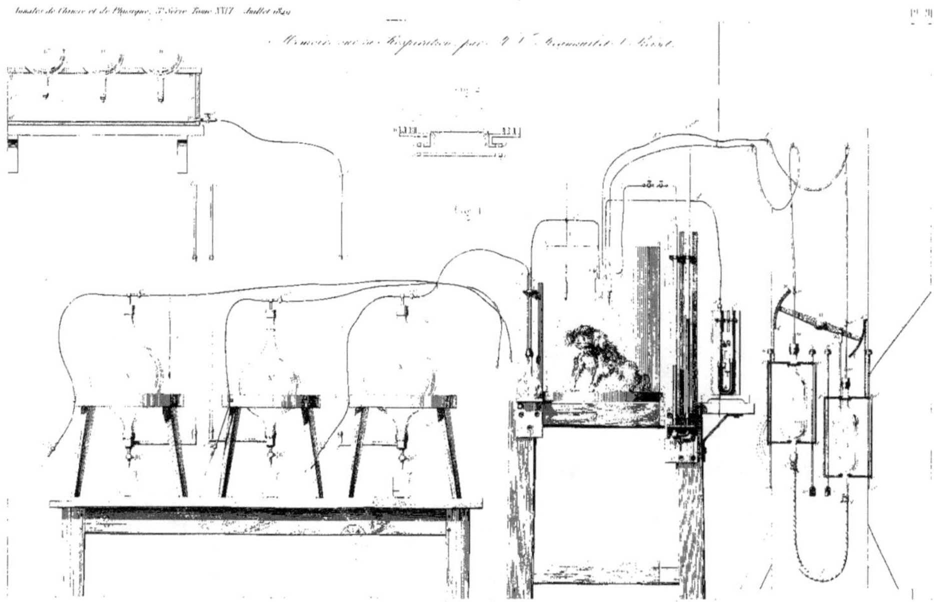

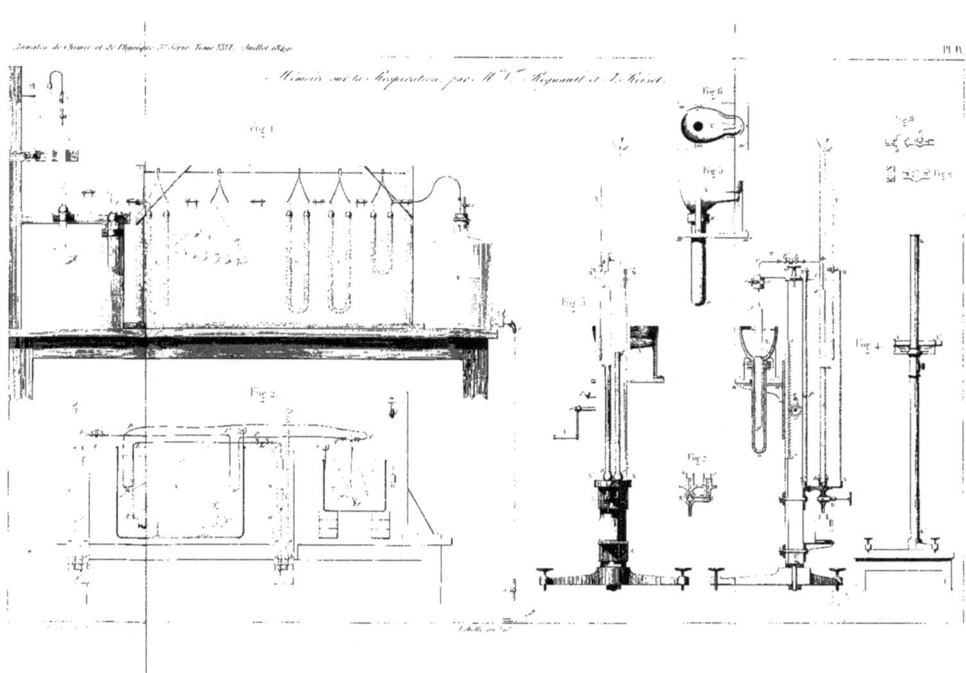

Annales de Chimie et de Physique, 3.e Série, Tome XXVI. Juillet 1849.
Pl. IX.
Mémoire sur la Respiration, par M.M. V. Regnault et J. Reiset.
Fig. 1
Fig. 2
Fig. 3
Fig. 4
Fig. 5
Fig. 6
Fig. 7
Échelle de ...